トヨタ 中国の怪物

豊田章男を社長にした男

児玉 博

文藝春秋

トヨタ　中国の怪物

豊田章男を社長にした男

目次

序章　中国人の本質……7
第1章　豊田章一郎の裏切り……21
第2章　日本の小鬼……49
第3章　毛沢東の狂気……85
第4章　零下20度の掘っ建て小屋……115
第5章　文化大革命の嵐……139

第6章　悲願の帰国　167
第7章　日米自動車摩擦の代償　195
第8章　豊田英二の危惧　215
第9章　はめられたトヨタ　239
第10章　起死回生の秘策　263
最終章　豊田章男の社長室　291
主要参考文献・映像作品　311

本書は書き下ろし作品です。
装画　松山ゆう
装幀　関口聖司

トヨタ　中国の怪物

豊田章男を社長にした男

豊田家歴代社長

太字は社長経験者

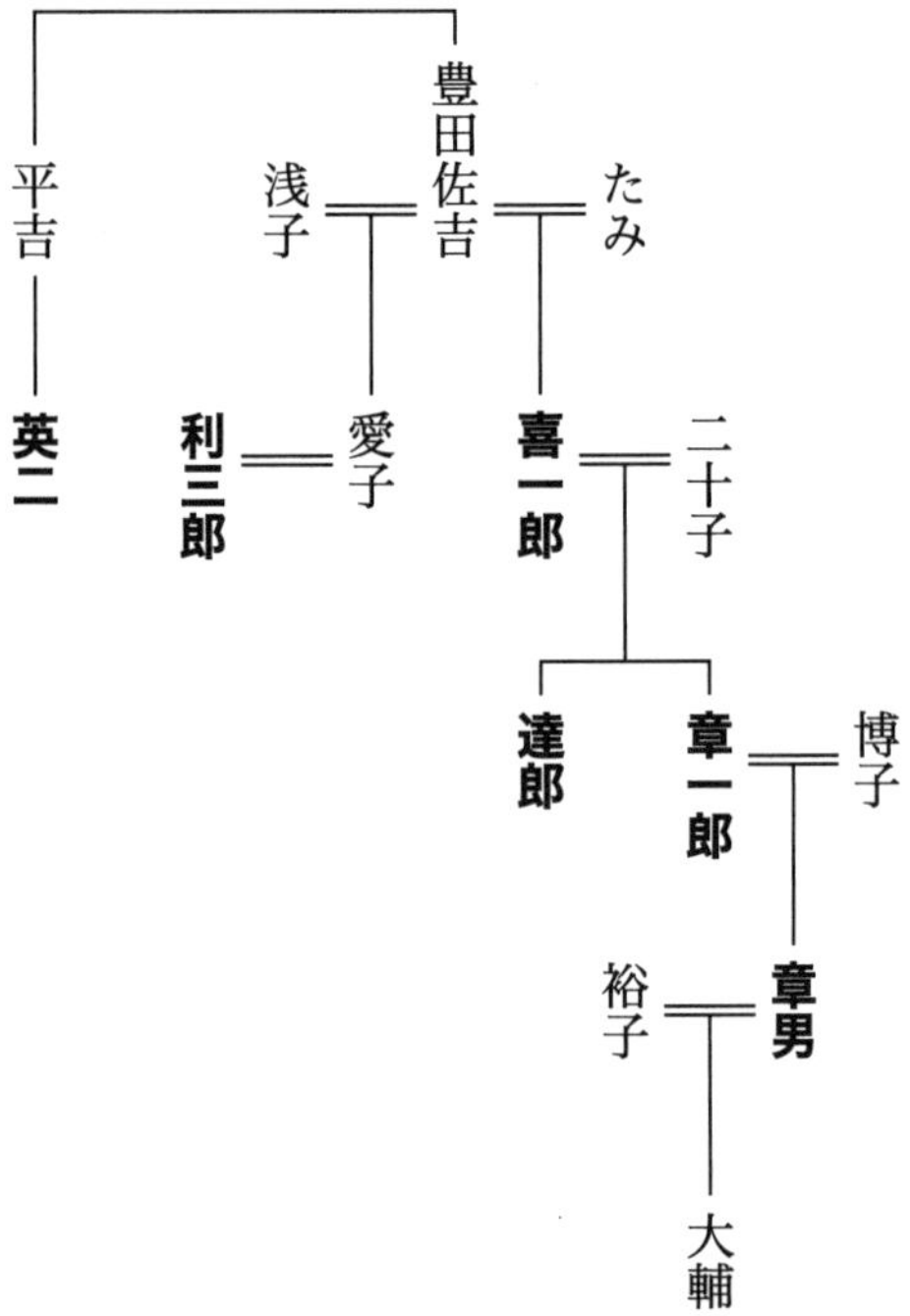

序章

中国人の本質

会社帰りでも立ち寄ることができる、を謳《うた》い文句にして、東京ドームに隣接する温泉施設「ラクーア」ができたのは２００３年。都心にある温泉施設として広く知られ、平日の夕方ともなれば、背広姿のサラリーマンの姿が多く見られるようになっていた。

２０１９年1月17日もそんな一日だった。

午後6時過ぎ、「ラクーア」はほどほどに混んでいた。入浴するわけではなかったので入場料を払い、背広のまま中に進む。指定されていたのは和食の店だった。掘りごたつ式のテーブル席が20以上はあるだろうか、かなり広さがあった。

その人物は、窓際の席にいた。隣接する東京ドームシティの名物である巨大なジェットコースターが、轟音《ごうおん》を立てて窓のそばを走り抜ける。客たちの上げる悲鳴とも、歓声ともつかぬ声が響いてきた。

薄茶色の館内着を着た、小さな痩せた老人が立ちあがった。館内着の下から伸びた二本の足が細かった。短く刈った頭をわずかにかしげながら、

「服部悦雄《はっとりえつお》です」

と、ペコリと頭を下げた。そして、こちらを値踏みするように上目遣いの視線を投げかけてきた。老人の正面に座ると、テーブルの上には枝豆と、服部と書かれた焼酎のボトルが置かれていた。

「ボトルも入れてるんですね」

服部はニヤッと笑い、

「そうなんですよ。ここは僕のね、ダイニングなんだよ。お昼くらいから温泉に入ってね、ここはずっといられるから楽なんだな」

「服部悦雄」を紹介してくれたのは、外資系メディアの中国特派員だった。数日前、突然、電話がかかってきた。

「時間ある？」

こう始まった会話で、彼は「紹介したい人間がいる」と言って、「服部」の名前を挙げた。

「服部さんは凄《すご》い人なんだよ。ほとんど知られてないけど。特に日本ではね」

戦前の満州生まれ。日本の敗戦後も家族と共に中国に残り、毛沢東思想の教育を受けて育った。〝日本人〟なのに文化大革命で「下放《かほう》」の犠牲者となり、2年間の強制労働も経験しているという。

帰国後に、「トヨタ自動車販売（トヨタ自販）」（現・トヨタ自動車）に入社。主に豪亜部で活躍した服部は、〝低迷していたトヨタの中国市場を大転換させた立役者〟であり、〝トヨタを世界一にした元社長、奥田碩《おくだひろし》を誰よりも知る男〟であり、何より〝豊田家の御曹司、豊田章男《とよだあきお》を社長にした男〟なのだという。

〝豊田章男を社長にした男〟とは、どういう意味なのか。そんな日本人がいるなら、是非会いたいと伝え、その特派員がお膳立てをしてくれたのが、温泉施設ラクーアでの面会だった。

中国で育った服部は、短く刈り込んだ頭髪といい、痩せたその体つきといい、筆者が学生時代に読んだ中国現代史の古典『中国の赤い星』（エドガー・スノー）で描かれる、粘り強く強靭《きょうじん》な農民を思わせた。

「温泉は気持ちいいですよね」

挨拶代わりの言葉に、服部は水割りの焼酎を一口飲み、少し赤みが差した顔をわずかに緩めた。

「温泉に入って、マッサージしてもらって……。サラリーマン人生、僕はね、トヨタしか知らないけれども、47年間働きました……。こうやってサラリーマン人生が終わっちゃうと、ジ・エンド、人生終わったって感じですよ」

そう言って、笑って見せた。

服部は1943年（昭和18年）、旧満州の都市、伊春《いしゅん》市に生まれた。8人きょうだいの3番目だった。父は旧北海道帝国大学を卒業後、農林省に奉職。官僚となって、8年間東京営林署に勤務した後、満州国に転勤となった。満州では新疆《しんきょう》、長春《ちょうしゅん》と勤務地を変え、終戦時はハルビンで働いていたという。

「服部さんが帰国したのは、昭和45年と聞いております」

服部はすぐには答えず、

「児玉さん、なにか頼みなさいよ。少し食べないと……」

と言いながら、湯豆腐に箸を伸ばしてはうまそうに口に運んでいた。

「僕はね」

服部は間を置いて続けた。

「僕はね、早く帰りたかったんだ。日本人だからね。だから父に、何度も何度も言ってたんだよ。『もう帰ろうって』。何度も言ったんだ」

顔に赤みを帯びた服部の口調は、酔いも手伝ったのか徐々に熱を帯びてきた。恐らく、当時の中国での生活、後に服部が「いい思い出など一つもない」と吐き捨てるように言った、その当時の思い出が蘇《よみがえ》ってきてもいたのだろう。

「だけど、父は『うん』って言わないんだ。洗脳されていたのか、『うん』って言わないんだよ。おかしいよあれは……。今でもね、僕はおかしいと思ってるよ。家族がね、みんな本当に苦労してたのに……」

服部が帰国した1970年（昭和45年）は、日本が大阪万博で沸き返っていた年だった。服部は27歳になっていた。

「27年間、服部さんは日本人として中国で生きてきた。今、振り返ると、どのような体験でしたか」

服部は黙って焼酎を飲んでいた。後にわかったのだが、服部は人の眼を上目遣いにのぞき込む癖がある。そうした時に見せる服部の目つきには、針のような剣呑《けんのん》さが宿った。

しばしの沈黙が続いた。大きな窓の外を、ジェットコースターが駆け抜ける。轟音と悲鳴が遠くに聞こえる。

「○○ちゃん、お水持ってきて」

勝手知ったる我が家のように、服部はウエイトレスを呼び寄せ、水を持ってこさせた。水を一口含むと、少し緊張が緩んだ。

「27年間、青年時代だけれど、いい思い出なんてなんにもない。一つもないんだよ……」

服部は焼酎の水割りにまた手を伸ばし、こんな話を始めるのだった。

「だけど日本人としてね、僕はね、27年間しっかりと目を開いて中国共産党の酷《ひど》さ、惨《むご》さを見てきました。中国の社会を目を開いて見てきましたよ……」

そして、「児玉さん、ペンを貸して」と言うや箸袋を開いて、その裏に何やら漢字を書き始めた。

「あのね、日本人は中国人をわかってないんだよ。本質をちゃんと見てないから、中国人のことを、中国共産党のことを見誤るんです。本質がわかってない」

ボールペンで、服部が書き留めた文字は、

「好　死　不　如　懶　活」

だった。この文字の下に、中国語の発音記号を書き加えた。

「hao si bu ru lai huo」

「どういう意味かと言うとね」

服部は説明してくれた。それは、〝きれいに死ぬよりも、惨めに生きたほうがまし〟というものだった。

「これが中国人の本質だよ。日本人みたいに切腹とか、桜が散るみたいに潔く死ぬなんて、中国人は考えない」

服部は、わかったかと言わんばかりに、私の顔を上目遣いで見つめると、突然中国の自動車業界のある人物について語り始めた。

「ジーリーの創業者の、李書福《りしょふく》を知ってる？」

2010年、「吉利汽車《ジーリー》」が欧州の名門自動車メーカー「ボルボ」を買収したことは知っていた。中国の〝赤いカネ〟が世界を席巻した時代だったが、欧州の名門企業の買収には、少なからず驚かされた。しかし、その創業者の来歴までは知らなかった。

「浙江省《せっこうしょう》杭州《こうしゅう》生まれの李のことは昔からよく知っている。小学校の教育も受けてないんだよ、李は。その男が今では、中国で十本の指に入る大富豪だよ。資産は1兆円とも言われてる男だよ」

安いカメラで撮った写真を、観光客相手に120元（およそ2000円）で売り始めたのが、李の大富豪へのささやかな第一歩だった。李が19歳の時だったという。ポラロイド写真で儲《もう》けたカネで、建材を扱う一方、洗濯機の製造を始める。さらにエアコンの製造にも手を出した。

手当たり次第、儲かりそうなものを作っては売った。

「中国には絶対にモータリゼーションがやって来る」

そう確信した李が、一転四輪車の製造を決意したのは、1997年のことだ。その李書福が、ひとりで服部を訪ねて来た。

中国の自動車産業は、すべて国営。李のような民間人が自動車産業に進出するのは、例のないことだった。当時、トヨタの中国事務所に在籍していた服部は、民間人が浙江省で自動車製造を始めたことを、噂では聞いていたという。

「服部先生」

李はいかにも人懐っこい笑顔で、服部の前に現れた。中国（旧満州）で生まれ、中国人とともに教育を受け、戦後も25年間、中国本土に留まった日本人、服部の存在は、中国の自動車業界で知らぬ者はなかった。

「よく笑う小さな男だった。典型的な中国人だったな」

「アリババのジャック・マーもそうですが、中国の成功者は小柄な人が多いですね。鄧小平《とうしょうへい》もそうでしたし」

服部は笑みを浮かべ、

「中国ではね、大きな男はちょっと間抜けみたいな扱いを受けるんだな。小男は頭がいい、抜け目ない、そう思われている。李は？　いや抜け目ないどころか、バイタリティが凄かった」

「小さな男でね」と言って小柄で痩せた服部が、その小ささを一生懸命に伝えようとする身振り手振りは、ユーモラスだった。小学校の教育も受けずに成長し、自ら組み立てたポラロイドカメラの写真を観光客に売りつけ、その境遇から中国を代表する大富豪にのし上がった李に対して、服部は強い共感を抱いているようだった。

突然服部の前に現れた、まだ30代半ばの李はいきなり、

「トヨタのエンジンを分けてくれ」

と、頼んできたという。

面食らった服部だが、突拍子もない申し出をしてきた、若い男のことは面白く思った。

「エンジンを分けてくれって？　あんた本気で自動車を作る気なの？」

服部がこう聞くのも当然だった。エンジンを分けてくれなんてことを頼んでくる自動車メーカーなど、聞いたことがなかった。服部は、こいつ頭がおかしいんじゃないか、とも思ったという。しかし話を聞いてみると、荒唐無稽な話ではなかった。

李は、服部を相手に熱弁を振るった。

もう生産ラインを作ったこと。電子制御式燃料噴射も、米「デルファイ」社製の高性能な生産機械を導入し、万全だと胸を張ってみせた。

まんざらウソでもなさそうだと思った服部は、その場で、浙江省にある李の工場を見学に行くことを約束する。そして数日後、服部は李の工場を訪ねた。

トヨタのそれとは比べるまでもなかったが、自動車の生産ラインは存在していた。存在するだけでなく、生産もされていた。

「これは、ダイハツのシャレードと一緒じゃないか」

服部が思わず声を上げたほど、李の生産ラインで製造していた自動車は、ダイハツ車とそっくりだった。いや、そっくりではない。ほとんど一緒だった。完全な違法コピーだった。

「でも僕はね、心情的に李を応援してやりたいと思った。李の苦労は並大抵じゃなかったんですよ。僕はその大変さがわかるんだよ、僕自身、本当に大変な思いを、ずっとし続けてきたから……」


当時、トヨタは中国市場進出の足がかりとして、中国・天津《てんしん》市での「天津プロジェクト」を進めていた。

1995年12月、トヨタは90％を出資し、中国の自動車メーカー「天津汽車」と合弁で、「天津豊津汽車伝動部件有限会社」を設立する。「伝動部件」とは、車輪と車軸をつなぐプロペラシャフトのことだ。残念なことに、この会社は、天津汽車に部品を供給する役割しかなかった。トヨタは、「天津豊津自動車エンジン有限会社」、「天津トヨタ鍛造部品有限会社」と、矢継ぎ早に合弁会社を設立したが、いずれも、天津汽車の部品を作るメーカーの域を出なかった。中国政府から、車体を生産する認可を受けられなかったトヨタは、天津汽車に部品を供給する、単なる〝部品メーカー〟として、中国市場で徒《いたずら》に歴史を刻んでいた。

服部は、とても美味《おい》しそうに焼酎を口に運んだ。

「ちょうど良かったんだよ。李がエンジンを分けて欲しいって言ってきた時、天津汽車との合弁会社が作った小型車用の『8A』エンジン、それを天津汽車が、カネがないから買い取れない、と言ってきた時期だったんだ。だから、トヨタにとって李は恩人なんだよ」

そして、服部が売ったエンジンを積んだ違法コピーの車は、売れに売れた。浙江省を中心に爆発的に売れたのだった。

「そんなに売れたんですか？　日本のパクリ自動車が」

「セールスマンが良かったんだよ。なにせ今をときめく習近平《しゅうきんぺい》だったんだから」

服部は笑った。李が吉利汽車を浙江省に起こしたのは1997年。その5年後、同省共産党委員会の書記となったのが、習近平だった。浙江省の実質的なトップになった習は、地元・浙江省発の自動車メーカーを手厚く保護し、育てた。

「吉利汽車のような会社を育てないで、どの会社を育てるのか」

習近平は公言して憚《はばか》らなかった。習は党をあげて、才覚だけで成り上がってきた李と吉利汽車を支援した。習の権力が増すのと歩を同じくして、吉利汽車は急成長を遂げた。

中国共産党総書記になって2年後の2014年、習は欧州歴訪の一環として、ベルギーを訪れた。その際、習が足を運んだのが、ベルギーにあったボルボの製造工場、つまり吉利汽車がオーナーであるボルボの工場だった。童顔に満面の笑みを浮かべ、中国の最高実力者を案内したのは、李本人だった。

中国でも、李書福は〝伝説の経営者〟である。ほとんど乞食同然から身を起こした成功物語は、発展する〝赤い資本主義〟の象徴だった。

「その後も、李とはよく会ってたよ。会う度に彼はお金持ちになっていった。僕とは違うよ」

そう言って楽しそうに笑った。

満州で生まれた服部は、2歳で敗戦を迎えたが、家族はそのまま中国に留まった。日本人として中国の教育を受けた服部のあだ名は、〝日本の小鬼《シャオグイ》（ガキ）〟。だが優秀だった〝日本の小鬼〟は、大学まで進学する。

1960年代には、中国という国家の歴史的なうねりも経験した。

1つは、1958年から1961年まで続けられた「大躍進運動」。15年以内に米国、英国を追い越すというスローガンの下、毛沢東が旗を振ったこの運動で、餓死したり殺されたりした中国人は、2000万人とも4500万人とも言われている。触れ幅が大きいのは、中国政府が今もって過小評価しているためだ。一説には7000万人という数字さえもささやかれる。

2つ目は「文化大革命（文革）」だ。大躍進運動の失敗で、窮地に追い込まれた毛沢東が引き起こした狂気の権力闘争により、やはり2000万人近い中国人が、死に追いやられた。

1960年代、中国の人口はおよそ7億5000万人といわれるが、合わせて10％にも及ぶ中国人が亡くなったことになる。服部は、この過酷な飢餓と凄《すさ》まじい権力闘争を生き延びた。

「文革は、服部さんが大学生の頃ですか」

うつむき加減だった服部は、「文革」という言葉を聞いて、

「ウン?」

といった具合に顔をあげ、上目遣いの視線を向けた。どこか人を値踏みするような視線はこ

の後も変わることはなかった。

「文革は……、児玉さんにいくら説明してもね、これはわからない。僕もね、……僕もね、これをね、説明したくはないんだ。本当にね、酷いとしかいいようのない時代でした。酷いとしかいいようのない時代……、本当に酷い……」

こう一気に話すと、焼酎の水割りをなめた。

「日本では、文革を……」

「日本とか、関係ないんだよ、児玉さん。僕はね、実際に経験しているんですよ。文革がどんなものだったかって……」

焼酎のグラスを握ったまま、服部は強く遮った。

「死んだんだよ。本当に多くの人間が……、死んだんだよ、殺されたんだよ。そうだよ、殺されたんだ」

ふと、服部の口調が静かになり、全身から発せられていた、言いようのない怒りのようなものが静かに去っていった。

「児玉さん、初対面のあなたに申し訳ないけれど、僕のね、中国での27年間は本当に辛《つら》い思い出ばかりなんだよ」

そして、こう言った。

「だから、あまり話したくないんだ」

初対面で、服部と会ってまだわずかな時間しかたっていない。事前に聞かされた服部のイメージは、伝説の名社長、奥田碩の側近で、中国事務所総代表として、低迷していたトヨタの中国市場を大転換させた男。その功績をもって、豊田家の御曹司、豊田章男の社長への道筋をつけた――。こうした事前に与えられた情報と、目の前にいる服部の印象は、終始微妙にズレていた。

服部が左手に巻いた時計に目をやった。金の入った高価そうなロレックスだった。

「児玉さん、僕はね、ちょっと休憩してから帰りますよ。今日は、ここまで来てくれてありがとう」

そう言って右手を差し出してきた。

「児玉さん、次はね、もっと僕のことを話すからね。僕はね、これでもけっこう複雑なんだよ」

服部はニヤリと笑った。そして我に返ったようにこんな言葉を継いだ。

「また会いましょう」

「是非……。家は近くなんですか？」

服部はウン、ウンと頷《うなず》き、

「ここから歩いて数分ですね。日本に帰ってきてから買いました」

結果として、筆者の服部へのインタビューは、優に20時間を超えるものになった。その大半は、服部の住むマンションから数分のところにある、東京ドームシティの温泉施設の居酒屋で行われた。館内着を着た服部は、好物の焼酎の水割りを片手に、表情豊かに自らの人生を、自らが体験した中国の生活、そしてトヨタでの日々を語ってくれた。それは中国現代史の暗部であり、世界のリーディングカンパニーとなったトヨタと、その創業家の裏面史でもあった。

第1章

豊田章一郎の裏切り

服部から連絡があったのは、初対面からまだ1週間もたっていなかった。場所は前回と同じ温泉施設「ラクーア」だった。時間は夕方の午後5時。

この日もラクーアは、かなりの人で賑《にぎ》わっていた。服部は、薄茶色の館内着を着て待っていた。テーブルの上にはいつもの焼酎のボトルが置かれていた。2回目ということもあるのだろう、服部の表情は前回よりもゆったりとし、和やかな雰囲気が漂っていた。服部は背広姿の筆者を見つけると、右手を上げて、

「児玉さーん、ここだよ、ここだよ」

と、元気な声を張り上げた。なにか嬉《うれ》しいことでもあったのだろうか、筆者が近づくと、やや大きな声で、

「ここに背広姿で来るのは児玉さんぐらいだよ。あなたはお酒も飲まないし、人生、なにが愉《たの》しみなの?」

と冷やかした。

「服部さん、楽しそうじゃないですか?」

こう声をかけると、意外な答えが返ってきた。

「別に楽しくはないよ。むしろね、僕はね、児玉さんからもらった本を読んでね、人生観変わっちゃいましたよ、この歳で」

初対面の時、筆者は自己紹介がわりに、過去に上梓《じょうし》した2冊を手渡していた。1冊は、1代でセゾングループを築き上げ、作家としてまた詩人としても名を成した、堤清二《つつみせいじ》への最後のインタビューを元にした『堤清二 罪と業 最後の「告白」』(文藝春秋)。もう1冊の『テヘランからきた男 西田厚聰《あつとし》と東芝壊滅』(小学館)は、名門企業「東芝」を瀕死の淵《ふち》に追いやった経営者として批判され、失意のうちにこの世を去った、西田厚聰の評伝だった。

「西田社長には中国で会ったことがある」

服部は、特に西田の物語に強く反応したようだった。

同じ中途採用のサラリーマンであること、そして何より、西田の異色の経歴に服部は強く共感したのかもしれない。

西田は東京大学の大学院で西洋政治思想史を学び、単身イランに渡った後、東芝のイランの現地法人で、臨時職員として働き始めた。これが東芝との関わりの始まりだった。西田は29歳。そこで、イラン人の妻を娶《めと》った西田は日本に帰り、世界初のノートパソコンの開発に成功するなど、実業の世界でも頭角を現した。

2005年6月、社長となった西田は大胆な経営判断を下し、原子力事業に社の命運を賭けた。世界的な原子力関連企業「ウエスチングハウス」の買収に踏み切り、三菱重工と最後の最後まで競り合った買収劇は、原子力業界のみならず世界を驚かせた。西田は、時代を代表する経営者として、臨時採用から社長になった異色の経歴も手伝って、一躍時の人となった。就任当時、およそ400円前後で推移していた株価は、2007年7月25日には終値で1169円をつけるなど、マーケットも西田を支持していた。

ところが――。光り輝いていた経営者、西田の人生が暗転する。まず後継に社長指名した佐々木則夫《のりお》との確執が表面化。公の記者会見の場で、お互いに罵り合うような醜態をさらすことになった。

そこに、東日本大震災（2011年3月11日）による、東京電力「福島第一原子力発電所」のメルトダウンが追い討ちをかけた。人類の科学史に汚点を残したこの大惨事により、世界中の原子力発電計画がストップしてしまう。ウエスチングハウスを買収し、経営資源を原子力事業に集中させていた東芝の経営状態は、一気に悪化する。そうした中、新たに会社ぐるみの粉飾事件も発覚した。

最後まで、日本経団連の会長職を狙い、固執し続けた西田だったが、結局、東芝崩壊の戦犯として、会社から身を退いていった。寂しすぎる引き際だった。

その後、西田が「胆管がん」であることを知り、横浜市内にある自宅で、最後のインタビューを受けてもらった。かつての時代を代表する経営者が、東芝崩壊の戦犯と呼ばれて、心模様はどう変わったのか。聞いてみたいことは山ほどあった。

長期入院で10キロ以上体重を落とし、西田の浅黒かった顔色も、紙のように白くなっていた。にもかかわらずこのインタビューで、西田は3時間あまり、淀《よど》みなくエネルギッシュに話し続けた。自らの正当性を、自分は間違っていなかったということを……。混乱を招いた一人として、東芝の社員への謝罪や、社員を慮《おもんぱか》る言葉は一切なかった。そして、本が出版された2017年11月20日から1カ月もたたない12月8日、西田は亡くなった。

73歳で亡くなった異能の経営者の栄光と転落を描いたこの本を読み、服部は感想をこう述べた。

「サラリーマンの人生は虚しいね、児玉さん」

服部の小柄な身体が、もう一回り小さく見えてしまうような言葉だった。経済ミッションで北京にやってきた西田や社長の佐々木と、服部は直接何度か会ったことがあるという。29歳でイランの現地法人に採用されてサラリーマン人生を歩んだ西田も、日本のサラリーマン社会では、服部同様に〝異邦人〟でもあった。

たしかに、服部もサラリーマンだった。日中の国交がなかった時代に、中国から帰国。29歳で「トヨタ自動車販売（現・トヨタ自動車）」に就職し、豪州とアジアを担当する「豪亜部」に配属された。

後に服部の前に、大柄な男が部長として現れる。名前は奥田碩。社長、会長として、トヨタの世界戦略を牽引《けんいん》した人物だ。奥田との出会いが、服部のサラリーマン人生を決定的に変えた。奥田は服部の能力をよく理解した。奥田と服部の関係は、やがてトヨタ社内でも特別視されるようになるが、それは周囲の思っている以上に長く、深いものだった。

「虚しいっていっても、服部さんは、中国ではトヨタ躍進の立役者じゃないですか。だから中国総代表にまでなったんでしょう？　大出世じゃないですか？」

こう言うや、服部は顔をしかめ、

「違う、違う」

と言って顔を左右に振り、筆者の言葉を否定した。

「大出世じゃないんですか？」

「出世なんかしてないよ。総代表にはなったよ。けれども、章一郎《しょういちろう》さんが、僕を正式に役員にするって言ったんだよ。本当ならば、僕は役員になるはずだったんだよ……」

章一郎とは、トヨタの豊田章男会長の父親で、2023年に亡くなった名誉会長、豊田章一郎のことだ。豊田家の家長でもあった。

2004年当時、トヨタ中国の総代表の地位にあった服部が、今でも忘れられない場面がある。

服部が日本に一時帰国し、愛知県豊田市にあるトヨタ自動車の本社を訪ねた時のことだ。服部は名誉会長となっていた豊田章一郎の秘書に迎えられ、そのまま名誉会長室に通された。怪訝《けげん》な思いで入っていくと、さらに服部は驚くこととなる。なぜなら、予想もしていなかった人物が待っていたからだ。名誉会長とともに服部を迎えたのは、章一郎の妻、博子《ひろこ》だった。

博子は三井財閥の一族、伊皿子《いさらご》家の8代目当主にあたる三井高長《たかなが》の三女だった。豊田家と三井家をつなぐ深い縁を示すのが、博子の存在だった。

驚く服部に、博子が丁重に椅子を勧めた。服部は何が何だかわからないまま、2人の言葉を待った。

にこやかな表情の博子が、口を開いた。博子は服部に向かって小さく頭を下げると、

「服部さん」

と、呼びかける。

「服部さんのお陰で、中国（市場）がうまくいっていると、（豊田）章男さんから聞きました。章男さんが中国を担当するようになって、こんなに早く順調にいくようになって、私どもも本当に喜んでいるんです。何もかも、服部さんのお陰だと、章男さんも話していました」

こう言うと、博子は椅子から立ち上がり、深々と服部に頭を下げた。息子である章男に〝さん〟をつけて呼ぶのかと、服部はそのことの方が気になった。慌てた服部が、

「奥様、そんな……」

と、右手を大仰《おおぎょう》に振り、

「そんなことはないですよ」

と言うと、今度は座っていた章一郎が、

「章男から、服部さんが本当によくやってくれているって聞いてる。本当に君のお陰だよ。中国でやっぱり本領発揮、というところだな、服部君」

一事が万事、鷹揚《おうよう》だった。

椅子に戻った博子は、後ろを振り返って秘書に声をかけた。秘書が細長い薄い箱を博子に手渡した。

「服部さんが気に入ってくれるといいんだけど……」

と言いながら、博子は包みをあけた。赤い色のネクタイだった。博子は箱からネクタイを手に取り、笑顔で服部に示した。

なぜ名誉会長夫妻が、一社員に対してここまで感謝の念を明らかにしたのか。その事情については後述したいが、このとき、服部は素直に嬉しかった。章一郎とは様々な場面で同席し、話す機会も多かった。だが、その妻の博子と話すような機会は、今まで一度もなかったからだ。また、自分の中国での働きを非常に評価してもらっていることも、服部を喜ばせた。トヨタにあって、やはり自分は異端の人間であり、異邦人であることは自覚していた。また異邦人が認められるには、常人以上の働きが必要なこともよくわかっていた。

さらに服部を喜ばせる言葉が、章一郎の口から出た。

「服部さん、来年にはね、服部さんを役員にするからね」

服部は涙が溢《あふ》れそうになった。27歳で飢餓の国、中国から帰国。トヨタに入社して始まった遅咲きのサラリーマン生活だが、日本社会の縮図のような会社人生で、共産党社会とはまったく別種の生き延びる術《すべ》を学んだ。導き出された一つの結論は、出世をしなければダメだ、ということ。力を持たなければダメだということ。自分の思いを遂げるには、出世しかなかった。

「服部、上（出世の意味）に行けよ」

これは、服部が長く仕えた奥田の口癖でもあった。〝役員〟を約束するという章一郎の言葉を聞きながら、奥田の口癖を思い出していた。服部は感無量だった。

さらに、章一郎は服部を驚かせることを言うのだった。

「服部さんね、僕は服部さんに自家用ジェット機をプレゼントするよ。『服部号』だよ」

章一郎は身振り手振りを交えて、プレゼントする「自家用ジェット機」について説明していた。

「服部さん、服部号に乗って中国中を飛び回って、もっともっと活躍してくださいよ」

「名誉会長、そんなことはどうでもいいんですよ」

そう言って左右に両手を振ってみせたものの、役員昇進、さらには、服部個人の名前を冠した自家用ジェットもプレゼントしてくれるという――。服部は、夢見心地になった。

しかし……。

服部に役員就任の辞令が届くことはなかった。北京に「服部号」が届くこともなかった。服部は、章一郎の口約束を責め立てることはなかった。ただ、息子である章男に愚痴はこぼした。服部の話を聞いた章男は驚き、そして笑いながら服部にこう言うのだった。

「服部さん、名誉会長はそういう人じゃないですか。口だけなんですよ、いつでも。服部さんだって長い付き合いなのに、そんなことも知らなかったんですか？」

博子からもらった赤いネクタイは、トヨタを辞めた日に捨てた。サラリーマンは虚しい、こう語る服部の心象風景に、このエピソードは色濃く影を落としているのだろう。

この日の面会には、トヨタを舞台にしたとされるベストセラー小説、『トヨトミの野望　小説・巨大自動車企業』（小学館文庫）を持参していた。実は、この作品の作中人物として、服部も登場しているのだ。この本の出版直後、私は頼まれて、次のような書評を書いたことがあった。

〈本書は世界の自動車産業の頂点に立つ「トヨトミ自動車」の内幕、つまり語られることのなかった〝奥の院〟の実態を描き切った内幕小説だ。

主人公、武田剛平《たけだごうへい》は自らを豊臣家の〝使用人〟と自嘲しながらも、RV（レジャー用車）、中国進出で遅れをとり、国内シェアも落とし続けていた「トヨトミ自動車」に改革の大鉈《おおなた》を振るう。

その大鉈の矛先は日本経済界のタブーとまで言われる創業家、豊臣家へと向かう。

（中略）

豪腕社長、武田は創業家出身の現会長、豊臣新太郎の庇護《ひご》を受けて改革に乗り出すも、創業家祭り上げを画策、結局は社長の座を追われる。新太郎が武田に引導を渡すシーンは本書の読みどころの1つでもある。そして、トヨトミ自動車の歴史は、〝使用人〟社長から創業家の長子へと引き継がれて行く〉（「プレジデント」2016年11月14日号）

誰もがすぐにわかるように、豪腕社長の武田剛平は、トヨタの販売台数を世界一に導いた奥田碩であり、会長の豊臣新太郎は、創業家の元名誉会長、豊田章一郎。長子とは、豊田章男のことだ。

この本の中で、日本人残留孤児として、中国で天涯孤独に育った「八田高雄《はったたかお》」が、服部をモデルにした人物だろう。「八田」は、奥田碩をモデルにした「武田剛平」と気脈を通じ、寝業《ねわざ》を得意とする仕事師だが、とにかく下品で、好色な人物として描かれている。例えばこんなシーンだ。

〈北京ダックにフカヒレの姿煮、燕《つばめ》の巣のスープ、干しアワビ……豪華な大皿がずらりと並ぶ朱塗りの丸テーブルの向こう、男はショットグラスに注いだ白酒《パイチュウ》を豪快にあおり、料理を食らう。恰幅《かっぷく》のいい身体にゴマ塩の丸刈り頭、四角い顔、海老茶のダブルスーツと黄金色の蝶ネクタイ。売れない漫才師のような恰好だが、れっきとした「中国トヨトミ」の総支配人である。八田高雄、五十七歳。中国名、李高春《りこうしゅん》〉

服部に本を見せると、

「あー、この本か……」

と、露骨に顔を歪《ゆが》ませた。この本の第3章のタイトルは、「北京の怪人」。主人公は他ならぬ服部である。

「僕はね、児玉さん、この本でひどい目に遭っているんだよ。北京から、かつての部下たちからも、じゃんじゃん電話がかかってくるんだよ」

「ひどい目って?」

「中にはね、この本は奥田と服部が書かせた、なんて言う奴までいるんだよ。本当に迷惑なんだよ」

服部は、憤懣《ふんまん》やるかたないと言わんばかりに、焼酎の水割りを飲み干した。

「奥田さんも、僕も被害者だよ。書かせるわけなんかないじゃないか」

北京の怪人――。『トヨトミの野望』の中で、服部の境涯は、次のように紹介されている。

〈八田の人生は数奇だ。日中戦争の最中《さなか》、中国東北部にあった満州国の首都、新京《しんきょう》（現・長春）郊外で生まれるが、七歳で終戦。当時、父親は自動車修理工場を経営し、自宅にはメイドが幾人もいる裕福な生活を送っていたというが、終戦ですべて雲散霧消した。

父親と幼い妹は逃亡の途中、匪賊《ひぞく》に殺され、母親も難民収容施設で病死。天涯孤独の身となった八田は中国人の農家に拾われ、辛くも生き延びている。中国人、李高春として育った八田少年は学業、スポーツともに優秀で、近隣では目立った存在だったという。その一方、日本人として酷く差別され、日本鬼子《リーベングイズ》と罵られ、理不尽な暴力を受けることもあったらしい。将来を危ぶんだ養父母の勧めで工業大学に進み、卒業後、国有農機具製造工場のエンジニアとして身を立てている〉

この箇所をかいつまんで音読すると、服部は顔をしかめて、

「全然でたらめ。酷いもんだね、児玉さん、日本のマスコミは……」

と、憤慨した。小説なので当然脚色はされているのだが、服部の怒りは収まらなかった。

「もう全部……」

首を左右に振って、こう続けた。

「本当に全部でたらめだよ。第一ね、僕は残留孤児じゃないし、ましてや中国人の名前なんか持ってないからね、児玉さん」

服部はここで言葉を飲み込み、こう言った。

「僕は中国にいたけれど、日本人だったよ、ずっと。日本人で名前もずっと服部だ。ただ中国人からは、『フーブー』って呼ばれていたけれど」

しかし、『トヨトミの野望』が、服部をモデルとした〝北京の怪人〟にわざわざ一章を割いているのには、それなりの理由がある。それは、服部と当時の会長、奥田碩との親密さを描くためである。

この本では、中国市場への戦略を練ったのは、武田＝奥田と八田＝服部であり、まさに服部は奥田構想の尖兵《せんぺい》として、中国市場を開拓していくのである。先にも触れたが、服部が日本に帰国し、トヨタ自販で配属になった部署、豪亜部の、後の部長が奥田だった。それ以来、服部と奥田との交わりが、30年以上続いたのは事実だ。

「奥田さんは策士なんだよ、あの人。今でもよく会うよ。この前も電話をもらってね……」

奥田はトヨタの役職（社長・会長）、経団連会長の職を辞して以来、ほとんど公の場に登場することはない。日本では最も有名なサラリーマン社長に、マスメディアのインタビューは殺到した。しかし、奥田は決して口を開こうとはしなかった。

奥田は東京・世田谷区の医療付きの高級マンションに、妻と2人で生活している。その奥田から服部の携帯電話に連絡があったのは、2018年11月19日のことだった。

この日、日産自動車の会長、カルロス・ゴーンが東京地検特捜部によって、金融商品取引法違反で逮捕されていた。日産再生の立役者の突然の逮捕は、世界にも衝撃を与えた。服部もテレビの臨時ニュースで、ゴーンの逮捕を知った。ニュースが流れるなか、電話が鳴った。

「服部！」

服部と呼び捨てにした相手は、かつての上司、奥田だった。

「服部！　日産は買いだぞ！　明日一番で証券会社に走って、日産株を買っておけば、必ず儲かるぞ」

服部は、奥田の言っている意味がわからず、思わず携帯電話を耳に押しあてながら、

「えっ？　奥田さんなんですか？」

と、問い返した。奥田は少し興奮した声で、

「ゴーンが逮捕されて、日産はこれから面白くなる。今から証券会社に行って日産の株を買ってこい」

と、繰り返した。奥田が挨拶も抜きにいきなり話し始めたので、服部は、一体なんのことだと思った。よく聞けば、会長のゴーン逮捕で日産自動車の株価は暴落する。しかし、落ち着けば必ず反発するから、儲けのチャンスを逃すなと、かつての部下に電話をしてきたのだった。

奥田の弾んだ声を聞きながら、服部が、

「奥田さんは、今も山っ気があるんですね」

と、苦笑交じりに返すと、奥田は構わずに言った。

「服部、何を言ってるんだ。これから、幾らあっても（お金は）必要だぞ」

服部は奥田の姿を思い浮かべ、再び苦笑していた。奥田さんは相変わらずだな、と。


ある意味、これが奥田の本質に近い部分でもあった。よく言えば変化を好む。悪く言えば、乱を好む。服部の見てきた奥田は、どちらかといえば、後者の奥田だった。

奥田の祖父と父は、2代にわたって三重県最大の証券会社、「奥田証券」の経営者だった。特に祖父、喜一郎《きいちろう》は、兵庫県芦屋《あしや》の高級住宅街に壮大な屋敷を構えるほどの成功を収め、いわば、証券会社の経営者とは名ばかりの相場師だった。奥田本人が、「自分の博打《ばくち》好きは、祖父の血だ」と言うほどだった。

奥田は服部を可愛がった。服部の能力を愛すると同時に、奥田自身が中国に対して、強い思い入れを持っていたからでもあった。

戦前、トヨタは中国大陸に、「北支《ほくし》自動車工業」という会社を有していた。本社は北京だった。この会社は陸軍の要請で設立され、軍用トラックを生産していた。いわば、国策会社に近いものだった。それゆえ、1972年に中国との国交が正常化すると、トヨタの社史から葬られた会社でもあった。

この北支自動車の幹部の娘が、奥田の妻なのである。

「奥田さんの岳父は中国大陸におられたんですね？」

服部に聞くと頷いて、こんな話を聞かせてくれた。

「だから、奥田さんの奥さんは向こうで生まれているんだよ。大連生まれなんだよ」

奥田の妻、恭江《やすえ》は大連で生まれ、敗戦を青島《チンタオ》で迎えた。服部によれば、恭江は非常に明るい社交的な女性で、奥田がまだ世間から注目されていない頃、中国から要人が来日すると服部が通訳として呼ばれたが、こうした場面に、奥田は妻も呼んで度々テーブルを囲むことがあったという。

「奥田さんの奥さんは奥田さんとは違っててね、とても社交的な人だったな。朗らかで、居るだけでその場が明るくなるような人だった。懐かしいな」

恭江の父は、〝トヨタ中興の祖〟といわれる豊田英二《えいじ》と、昵懇《じっこん》の間柄でもあった。章一郎の従叔父《いとこおじ》にあたる英二は、トヨタの礎を築いたばかりか、米〝ビッグ3〟の一角「ゼネラルモーターズ（GM）」との合弁事業を成功させるなど、トヨタの国際化に先鞭をつけた人物でもある。岳父との関係もあったからか、服部が仕え始めた頃の奥田は、口を開けば豊田英二の名前が出るほど傾倒していて、細かなことまで英二に報告していた。

だからといって、創業家の御曹司で、英二の跡を継ぐといわれていた章一郎を、表立って蔑《ないがし》ろにするようなこともなかった。

一度服部が、こんな質問をしたことがある。

「奥田さんは英二派なんですか、それとも章一郎派なんですか？」

すると奥田は、半ば呆《あき》れた顔をしながら、服部に諭《さと》すのだった。

「服部、片一方に肩入れしたらダメなんだよ。リスクを少なくするために二股でも三股でもかけなくちゃ。それじゃないと出世できないぞ」

この言葉を地で行くように、奥田は章一郎にも尽くした。

章一郎の長女、厚子《あつこ》の家族を奥田は手厚く保護する。厚子の夫は大蔵（現・財務省）官僚の藤本進《ふじもとすすむ》。その藤本が、フィリピンの日本大使館に出向を命じられた時のことだ。出向先はフィリピンのマニラで、藤本は幼子を連れて家族でマニラに赴いた。その藤本一家を、空港で待ち構えていたのが奥田だった。当時、奥田はフィリピンに赴任していた。

奥田は海外生活に不慣れな、しかも治安の良くないマニラに緊張し、不安を抱いていた厚子の面倒をよく見た。信頼のおけるメイドを探し、運転手はトヨタの現地法人で雇った人間をつけた。生まれて1年にも満たなかった子供のために、病院の手配なども怠らなかった。

また藤本に対しては、フィリピン財界の大物を紹介するだけでなく、当時、権勢を振るっていた大統領、フェルディナンド・マルコスも紹介した。マラカニアン宮殿で食事をともにするような機会まで設けた。

こうした奥田の献身は、厚子から母親の博子に、逐次報告されていた。また、章一郎夫妻はまだ幼かった初孫会いたさに、何度もマニラに足を運んだ。その度に空港に出迎えたのも奥田だった。奥田は夫妻のために、ホテルの宿泊はもちろん、食事、移動の手配など最大限の注意を払った。

「孫の顔見たさに何度もマニラに行ったけれど、本当に奥田さんにはお世話になった。藤本たちも本当にお世話になった。お礼のしようがないほど、私どもはお世話になったんですよ」

博子は、こんな述懐を服部にしている。

まさに豊田家に〝使用人〟のように仕えた奥田だったが、図らずも、自らが社長となった後に野望を抱いた。それは、ある疑念から生じたものだった。

「豊田家は本当にトヨタに必要なのか？」

「創業家とはいえ、創業家に生まれたというだけで社長になるのは、おかしいのではないか……」

たとえば、米フォードモーターの場合、いまだに創業家であるフォード家が、議決権ベースでおよそ40％の株式を保有しているのに対し、豊田家の場合は2％にも満たない。しかし、その影響力は絶大どころか、不可侵の存在にさえなっている。資本の論理からすれば、理解不可能な状況なのである。

奥田の批判の矛先であった豊田家の家長、章一郎は、トヨタを離れ、経団連会長という財界トップの座についていた。しかしその章一郎は、こんな不満を服部に漏らすのだった。

章一郎が経団連会長となって、しばらくしてのこと。中国から帰国していた服部は、トヨタ本社で章一郎に呼ばれた。

当時、中国トヨタでは合弁の相手先として、「天津汽車」を選んでいた。服部はそのチームから外される形で、帰国を命じられた。天津汽車との合弁は、後にトヨタの足を引っ張り、中国市場参入の大きな障壁となるのだが、この時は誰も知るよしがなかった。

章一郎は、いつも無表情に近い。喜んでいるのか、怒っているのか……摑《つか》みどころのない、のっぺりとした顔を服部に向けていた。

「会長」

挨拶を終えた服部は、礼を失しないように気をつけながら声をかけた。章一郎が、上下の関係に異常なほど敏感なことは、長い付き合いでわかっていた。

豊田英二は峻厳な人であり、いつも厳しい顔をしていたが、一旦交われば心を開き、服部を受け入れてくれた。日本人として服部が成長できるように、なにかと心を砕いてくれた。服部が読めない漢字などが出てくると、英二はその漢字を使った類語などを自ら書いて、

「勉強になるよ」

と言って、手渡すような気遣いをしてくれた。服部は、そうした英二に接するのが好きだった。

1970年代、トヨタは度々中国大陸に技術者などを派遣し、中国の自動車メーカー「第一汽車」などの技術指導にあたった。その先頭には常に英二がたち、その英二を脇で支えていたのが、「トヨタ生産方式」の生みの親、大野耐一《おおのたいいち》だった。

英二といい、大野といい、根っからの技術者だった。トヨタに比べれば、まさに幼稚な技術しかなかった当時の第一汽車の技術者たちに対し、大野はとことん付き合った。どんなに稚拙な質問でも、嫌な顔一つせずに真摯《しんし》に受け止め説明した。

大野は質問を受けると、

「それはこういうことなんだ」

と、車のエンジンルームに頭を突っ込んで、実地に説明を続けた。服部は、通訳として彼らの横に立ち、大野の言葉を伝えた。第一汽車の技術者が何度も同じ失敗をすると、大野は、

「君の翻訳が悪いんじゃないのか？　どうして同じ間違いを何度もするんだ」

と、キッと服部をにらみつけることもあった。大野のあまりの熱心さに、教えてもらっている方が、

「もう十分です。よくわかりました」

などと言おうものなら、大野は顔を赤くして怒った。

「そんないい加減じゃダメだ。こっちも真剣にやってるのだから、最後まで君たちも真剣にやりなさい」

大野の手は油に塗《まみ》れていた。

章一郎の前に立つ時、服部はなぜかいつも英二のことを思い出してしまう。知らず知らずの内に、2人を比較しているのかもしれなかった。服部は、人間味をもって接してくれる英二の方が好きだった。そんな服部の想いとは別に、章一郎ははっきりと、服部に不満を打ち明け始めた。

「服部君」

章一郎の表情に変化はなかった。捉えどころのない、この表情が、服部と章一郎との距離を作っていた。

「服部君。僕は今ね、奥田君に左遷されているんだよ。僕は無視されているんだよ」

服部は章一郎の思わぬ言葉に戸惑い、次の言葉を待った。

章一郎は、長い付き合いの服部でも、いつもは気詰まりになるほど無口なのだが、この時はいつになく能弁だった。

長年、欠かすことなく出席していたトヨタの「全国ディーラー大会」、「新車発表会」などの行事に、章一郎が招かれなくなったのだという。聞けば会長になって以来、奥田から、社業は自分がやるから財界活動に専念してくれと、何度も言われていたそうだ。しかしそれが、章一郎には不満だった。

普段、ほとんど感情を表にすることのない章一郎が、珍しく感情を露《あらわ》にし、服部に訴えるのだった。もちろん、服部の後ろに奥田がいるのを、計算してのことだ。

「服部君、僕は無視されているんだよ」

章一郎の口ぶりから、章一郎が発言以上の感情を、奥田に対して抱いているように感じられた。

早速、服部は奥田を訪ねた。服部の説明を、奥田はつまらなそうな表情で聞いていた。奥田は、章一郎の経営者としての手腕は評価していなかったが、創業家の長としての立場を慮り、経営にまつわることは逐一報告し、了承も得ていた。独断に見える奥田だが、こうした配慮は抜かりなくしていた。

「俺は気を使ってそうしてるんだけどな……」

と漏らす奥田に、服部がとりなすように言った。

「それが裏目に出ているんだから、また呼んであげたらいいんじゃないですか？」

奥田は章一郎の希望を入れて、トヨタ関連のイベントに、再び章一郎を呼ぶようになった――。

奥田は社長時代に、世界的な環境保護の流れに乗り、ハイブリッドカー「プリウス」を発売し、時代を代表する車に仕立て上げた。２０００年頃、世界のセレブたちは、こぞってプリウスに乗った。その一方で、「ダイハツ自動車」を連結対象の子会社にし、落ち続けていた国内販売台数もＶ字回復させた。１９９７年、米「ビジネスウィーク」誌は奥田を世界で最も優秀な経営者の一人として選出し、奥田は時代を代表する経営者、〝強いトヨタ〟の象徴となった。

会長になった豊田家の家長、章一郎も、表立って奥田の意見に異を唱えることはなかった。トヨタを代表する顔は、創業家の豊田章一郎ではなく、完全にサラリーマン社長の奥田だった。

その奥田は創業家である「豊田家」に対して、非常に厳しい見方をしていた。トヨタ社員にとって聖域である豊田家について、公然と批判して憚ることがなかった。

「創業家は創業家として重んじるが、創業家に生まれたからといって、その人間がトヨタの社長になるのはおかしな話だ」

「創業家は尊重する。創業家はいわばトヨタの象徴、つまり〝フラッグ（旗）〟のような存在が一番望ましい」

創業家は、旗のような象徴的な存在であるのが望ましい。つまり、経営には口を出してはならないというのが、奥田の考えだった。だから、章一郎が経団連会長という公的な存在であるのをいいことに、トヨタの重要行事である全国ディーラー大会、新車発表会に章一郎を呼ばなかったことは、奥田の遠回しの意思表示でもあった。

奥田の視線の先にあったのは、創業家4代目の跡取りであり、将来の社長と目されていた章一郎の長男、章男の存在だった。

「章男君程度の社員ならば、トヨタにはごろごろいる」

「（章男が）社長になれるかどうかは本人のがんばり次第だ。創業家に生まれたからといって、社長になれるものではない」

奥田の意思ははっきりしていた。奥田は、まだひ弱さが残る章男を、評価していなかった。

2001年、その章男を、中国市場を担当する「アジア本部本部長」に抜擢《ばってき》したのは、当時、会長職にあった奥田だった。

「アジア本部本部長」はアジア全域を統括する責任者である。潜在的には世界一の市場となる可能性のある中国市場は、その中でも最も重要な地域だった。しかし、天津汽車との合弁、その契約を変えることができない中国共産党の政策が足枷《あしかせ》となって、トヨタは先の展望が、まったく描けない状態になってしまった。いち早く中国に進出した海外メーカーや、日本の他社から大きく遅れを取っていた。

当時、天津汽車はトヨタの子会社、ダイハツからの技術支援を受けて、小型車「シャレード（中国では夏利《シアリー》）」を生産していた。天津汽車は、国家から小型車の生産しか許されていない準大手で、そもそもフルラインナップの車種を持つ、〝世界のトヨタ〟が組むべき相手ではなかったのだ。

その中国市場を統括する責任者に、豊田家の御曹司を充てたのは、奥田の〝深謀遠慮〟だった。つまり、中国市場での失敗はそのまま、社長への道が険しいものになることを意味していたからである。

章男をアジア本部本部長に任命した奥田は、章男に、こんな言葉をかけた。

「トヨタはいくらでも中国（トヨタ）を支援するから、５０００億でも６０００億でも、中国市場を立て直すために使って構わない。ぜひがんばって欲しい」

奥田の投げかけた言葉の真の意味を、章男は理解しただろうか。５０００億円でも、６０００億円でも使って構わない、と奥田は言う。つまり、途方もない金をつぎ込んで失敗すれば、それこそ〝ダメ経営者〟の烙印《らくいん》を押しやすいというものだった。

創業家はトヨタの象徴であり、旗であるが、創業家＝社長という訳ではない。奥田の深謀遠慮が生み出した人事が、章男のアジア本部本部長就任だった。

章男の双肩に、中国という重責が背負わされたのと同じ時、服部も中国に復帰する人事を受け取っていた。当初、奥田に呼ばれた服部に内示があったのは、新規事業として立ち上げる、バイオテクノロジー関連の研究所の所長というポストだった。その人事を断った服部は、中国事務所復帰という強い希望を奥田に伝えていた。最初は顔をしかめていた奥田だったが、最終的には、

「お前の願いを叶えた」

と言って、中国市場への復帰を伝えた。服部の肩書は「トヨタ中国事務所総代表」というものだった。

「でも、天津（汽車）があれじゃあな……」

奥田はこう言って、口を噤《つぐ》んだ。

数日後、服部の姿は、四川《しせん》省の成都《せいと》市にあった。すぐにでもトヨタ中国の事務所がある首都、北京に入りたかったが、まず服部が会わねばならなかった人物が、成都市に滞在していた。その人物は、アジア本部長となった章男だった。

ほぼ初対面に等しい2人の顔合わせは、章男が宿泊しているホテルの部屋だった。部屋の扉をノックすると、すぐに扉が開き、章男の声が降ってきた。

「服部さん、ご無沙汰です」

章男は笑顔で服部を迎えてくれた。けれども、風邪気味だと言う通り顔色も冴《さ》えず、あきらかに体調が悪そうだった。それでも、章男は笑顔を作っていた。

「わざわざ成都まですみません。北京でも良かったんだけれど、北京に入る前に服部さんと、

どうしても話がしたかったので……」

章男に、服部との面会を勧めたのは、父、章一郎だった。章一郎は、服部と奥田の付き合いの深さは、十分に承知していた。しかし、泥沼化している中国に裸同然で赴いて、頼りになるのは〝中国人〟の服部であり、その人脈しかないと、章一郎は見抜いていた。普段、章一郎と章男はさほど近しい親子関係ではない。いやむしろ、章男は父に対抗するようなところがあり、京都での料亭遊び、いわゆる茶屋遊びでも、父の馴染《なじ》みの店には靴をぬごうとはしなかったし、行く店も、事前に父やその周辺の人間が来ていないことを確認してからでないと、行くことはなかった。

「いや、いや、私こそ、お会いできてよかったですよ。北京に行くと、2人で話すこともできないかもしれないから」

章男はルームサービスで取っていたコーヒーを服部に勧めた。

「砂糖やミルクは必要ですか」

豊田家の4代目は服部を気遣った。章一郎にはこんなことは絶対にしないだろう、と思いながら、服部はコーヒーにミルクを入れる章男を見ていた。

章男はコーヒーを一口すすると、改まったように服部に向き直った。

「服部さん、私は中国のことを全く知りません。すべて服部さんに任せなさいと、名誉会長からも言われております。どうかよろしくお願いします」

こう言うや章男は立ち上がり、そして深々と、服部に頭を下げるのだった。慌てたのは服部だった。豊田家の御曹司が、自分にこれほどまでに謙《へりくだ》ってみせるとは、予想だにしていなかったからだ。服部は深々と頭を下げる章男を、しばし呆然と見ていた。そして我に返ると、バネのように椅子から立ち上がり、

「章男さん、僕みたいな男に、そんなことしちゃあダメですよ」

と、頭を上げるように頼むのだった。

頭を上げた章男の目には、薄っすらと涙さえ浮かんでいた。章男は服部の顔を正面から見据えると、

「私を助けてください」

と言って、再び頭を下げた。

服部は、腹の底にこみ上げるものを感じながら、章男の手を握り締めた。豊田英二、章一郎と、創業家の人間たちと曲がりなりにも直接接し、創業家の重みを知る服部だったが、これほどまでに直接的な言葉で頭を下げ、助力を乞うてきた豊田家の人間は、章男が初めてだった。それだけに、未知の中国大陸と創業家の重圧を前に、不安を隠そうとしない男が哀れでもあり、またその素直さに強い好感を持った。

「章男さん、僕が全力で支えますから。トヨタで一番、中国のことを知っているのは僕ですから。僕に任せてください」

数時間後、章男と服部は、成都から北京に向かう飛行機に共に乗り込んでいた。服部の北京復帰は、4年ぶりだった。

かつてバラック小屋のようだった北京空港（現・北京首都国際空港）は、1999年に大規模改修がなされ、面積も3倍以上の国際空港として生まれ変わっていた。2008年の北京オリンピック開催を控え、第1ターミナル、第2ターミナルに次ぐ第3ターミナルと、新滑走路の建設も決まっていた。

煌《きらび》やかな、中国の飛躍的な発展を象徴するかのような、北京空港の全景が近づいてくる。服部の胸中は、それでも複雑だった。

服部は日本に帰国して以来、何度も北京と東京との間を行き来してきた。そこで生まれ、27歳まで育った中国の地は、服部にとって決して郷愁を呼び覚ますような土地ではなかった。

「中国にはいい思い出なんてない」「中国共産党の惨さは言葉にはできない」

何度となくこう語る時、その語気には怒りと憎悪がこもった。表情は強張《こわば》り、目尻に煙がたった。

服部にとって怒りと憎悪の地、中国に再び戻ろうとしている。しかもこの時は、世界的な自動車メーカーのトヨタが世界で唯一後塵《こうじん》を拝する土地で、捲土重来《けんどちょうらい》を期する重大なミッションと、創業家の御曹司の命運が、服部の双肩にかかっていた。豊田家が最後に頼りにしたのは、トヨタにとっては〝異邦人〟である服部しかおらず、また、服部がその才を十分に発揮できる場所も、中国しかなかった。その、章一郎と章男が創業家の命運をゆだねた〝中国の怪物〟、服部悦雄は、いかにして誕生したのか。

第2章

日本の小鬼

中国黒竜江省《こくりゅうこう》。中国の最北端に位置するこの省は、ロシアと3600キロにもわたって国境を接している。ロシアとの国境をゆったりと流れる黒竜江（ロシア名・アムール河）は、黒竜江省の象徴のような存在である。

かつて満州という国家が存在していた。黒竜江省を含む東北部3省と内モンゴル（＝自治区）からなっていたこの国家は、1932年（昭和7年）3月1日に忽然《こつぜん》として誕生し、そして1945年（昭和20年）の8月17日、日本の敗戦から3日後に皇帝溥儀《ふぎ》が、自ら満州国の解散を宣言し、その歴史に幕を閉じた。わずか13年と5カ月あまりしか存続しなかった国家だったが、この幻影のような国家は、ある意味、日本の近代史の到達点でもあった。

「赤い夕日の満州」

満州は、当時の日本人の夢と希望を仮託された土地だった。そのロマンチシズムは、大きな夕日が沈む満州という像を作り上げた。この心象風景は、戦争の現実とはかけ離れたノスタルジーとして、戦後も語り継がれて行く。

満州という呼び名は、古来、中国では満州族が住み暮らす地域、黒竜江省、吉林《きつりん》省、遼寧《りようねい》省の3省を指す呼び名であった（後に内モンゴルを含め4省区となる）。この満州に日本が侵出するきっかけは、1905年の日露戦争での勝利だった。戦果として日本は、遼東《りようとう》半島の南端と東清《とうしん》鉄道の一部を手に入れる。

満州に足がかりを得た日本は、関東軍参謀、石原莞爾《いしはらかんじ》が立案した満州事変の謀略により、1931年、満州全土を支配下に置いた。「五族協和」の大スローガンの下、傀儡《かいらい》として清朝最後の皇帝、愛新覚羅《あいしんかくら》溥儀を満州国皇帝に即位させた。

国際世論の批判が高まるなか、満州は「王道楽土《おうどうらくど》」の地とされ、多くの日本人が新世界を夢見て大陸を目指した。満州事変前後の在満州日本人は20万人前後だったが、敗戦時のそれは、150万人を優に超えるほどまで膨れ上がっていた。

「満蒙開拓団」に代表されるように、昭和恐慌であえぐ農村を救済する、という国策のもとに移民させられた者は、27万人にのぼった。その一方で、新天地を新たな国家建設の実験場と捉える、一群の〝革新官僚〟たちも、野望を抱いて満州を目指した。彼らは満州に、彼らの手による「理想国家」の夢を託した。

満州国政府実業部次長を務め、戦後総理大臣となった岸信介《きしのぶすけ》は、その代表だった。岸はこんな回想を残している。

〈民族協和、王道楽土の理想が輝き、科学的にも、良心的にも、果敢な実践が行なわれた。それは正しくユニークな近代的国つくりであった。直接これに参加した人々が大きな希望のもとに、至純な情熱を傾注しただけでなく、日満両国民は強くこれを支持し、インドの聖雄ガンジーも遥かに声援を送った。当時、満州国は東亜のホープであった〉（『あゝ満洲』満洲回顧集刊行会編）

岸と同様に革新官僚の一人であり、農商務省に身をおいていた椎名《しいな》悦三郎《えつさぶろう》が満州国に渡ったのは1933年（昭和8年）。戦後、ポスト田中角栄の自民党総裁を決めた「椎名裁定」で名を残した椎名は、次のような文章を残している。

〈満州国の建国は産業資本出現の絶好の条件を提供するものであった。昭和八年三月、「満州国経済建設要項」というものが発表された。それは四項目から成るもので、

一、資源開発が一部階級にロウ断される弊を除き万民公楽たらしむ

一、経済各部門の経済的発展をはかるため重要産業部門に国家統制を加える

一、門戸開放、機会均等の精神により、広く世界に資本を求め、諸国の技術経験を適切有効に利用する

一、東西経済の融合、合理化を目標とし、善隣日本との協調に重点を置く

（中略）

これは明治維新における、五箇条の御誓文と等しく、満州の近代化への進発を広く世界に宣言したものと言ってよい。今は中共のドル箱となっている東北満州の建設は、このように日本人の理想と情熱に溢れた宣言のもとに着手されたのであった〉（『記録　椎名悦三郎』椎名悦三郎追悼録刊行会）

満州国は、岸や椎名のような革新官僚と呼ばれた一群の官僚らによる、実験国家という色彩が色濃く投影されていた。椎名の、満州国における産業政策ははっきりしていた。「1業種1社」と重要産業において徹底した統制を行い、国策会社がその担い手となった。その中心となったのは「満州重工業開発株式会社」であり、「南満州鉄道（満鉄）」だった。製鉄では「鞍山《あんざん》製鉄所」が作られ、車やトラックを製造したのは「同和自動車」、飛行機の製造は「満州飛行機製造」が行うなど、いわゆる「国策特殊会社」が産業の主流を形成していた。満州国の産業の担い手は、三菱、住友、三井といった旧来の財閥企業ではなく、〝新興財閥〟と呼ばれる一群だった。

現在の日産、日立の源流となった、「日産コンツェルン」は鮎川義介《あいかわよしすけ》により創設され、「チッソ」の祖となった「日窒《にっちつ》財閥」は、野口遵《したがう》が創設した。広く知られる「理研」は、「理化学研究所」の成果を工業化した「理化学興業」として、一大財閥を形成した。敗戦後、「昭和電工」という巨大企業を残すことになる森コンツェルンは、梟雄《きょうゆう》・森矗昶《のぶてる》によって一代で築かれた。こうした新興財閥は軍部と結びつき、軍部主導の工業化の推進力となっていた。

満州国は謀略で作られた軍略的な国家ではあったが、雪崩《なだれ》のように流れ込んだあらゆる階層の日本人は、そこに多くの期待と可能性を見いだしていた。

そんな新天地に1936年（昭和11年）、新たな一歩を踏み出した農林官僚がいた。服部幸《ゆき》雄《お》――、服部悦雄の父である。当時29歳の若手官僚だった。妻と2人、満鉄に乗って満州国の首都、新京（現・長春）にやってきたのだった。服部が生まれたのは、その7年後のことだ。

１９０７年（明治40年）、札幌生まれ。北海道帝国大学を卒業後、農林省に職を得た幸雄は、林業を専門とする技官だった。

29歳で満州に派遣された、幸雄の最初の赴任地は、黒竜江省伊春市だった。中国全体の中でも黒竜江省などの東北部、つまり満州は森林資源が豊富な地域だ。黒竜江省のほぼ中心部に位置する伊春は、広大な森林を抱え、林業が盛んな街だった。意気に燃える若手官僚にふさわしい、十分な可能性を秘めた土地であり、幸雄の上司には、満州国を実質的に作った椎名悦三郎がいた。満州国の顔、岸信介も何度か視察に訪れた。

しかし、「日本の生命線」ともいわれた満州国は、13年5カ月であっけなく瓦解する。

１９４５年8月9日午前1時、ソビエト連邦軍は、国境線を越えて満州国に雪崩れ込んだ。その規模、兵員１５０万人、戦車５５００両、航空機３４００機と、圧倒的な物量だった。兵員にしてソビエト軍のおよそ半分、戦車は数百台、航空機もソビエトの20分の１にも満たなかった関東軍は、居留民を置いて逃げた。残された居留民は、ただ逃げ惑うしかなかった。ソ連兵の略奪、陵辱が横行し、民間人の集団自決も起こった。それから5日後、日本は正式にポツダム宣言を受諾し、全面的な降伏をする。

大混乱が続くなか、満州から敗戦国民の引き揚げが始まった。着の身着のままの逃亡劇で、陵辱を恐れる女性たちは、顔を炭で黒くし頭は丸坊主に刈り上げた。およそ１５０万人いた在留邦人の、満州から本土への引き揚げは１９４８年8月まで続いたが、この時点でも旧満州に取り残された日本人は、およそ6万人以上いるといわれていた。帰国船に間に合わなかった者、親を亡くし孤児となった、いわゆる残留孤児、また家族を失い路頭に迷った女性、抑留された軍人なども、相当数にのぼった。

こうした旧満州に取り残された邦人たちの一群を、中国では〝国際友人〟と呼び、日本では〝留用者〟と呼んだ。好むと好まざるとにかかわらず、戦後、中国に留まり、中国共産党の協力者となって働いた者たちの呼称である。

中国共産党への協力者、〝留用者〟は多岐にわたった。

「東北4省区は極めて重要であり、東北部さえ確保していれば、中国革命に強固な基地ができる」

中国共産党が政権を樹立する4年前の1945年、毛沢東は共産党大会でこう発言している。東北4省区、つまり黒竜江省、遼寧省、吉林省、そして内モンゴル自治区が、中国共産党にとって非常に重要視されたのは、日本が築き上げた製鉄などの重工業施設があり、それを運営していた数多くの日本人技術者がいたからだ。

毛沢東は、日本が作り上げた満州国の〝遺産〟を念頭において、「東北部は強固な中国革命の基地」と表現したのである。

毛沢東ら中国共産党が何より欲したのは、「南満州鉄道株式会社」だった。

満鉄は人工国家、満州国の心臓部であり、血管であり、肺機能だった。満鉄を中心に車輪のスポークのように、「満州科学」、「満州セメント」、「昭和製鋼所」、「満州重工業開発」、「同和自動車」、「満州飛行機製造」などの、各企業が結びついていた。それだけに有為な人材が集まり、また集められもした。

日本の敗戦後、満州国からの引き揚げが遅々として進まないなか、中国全土を掌握しつつあった中国共産党から、留用を強いられる者の数は増えていった。満鉄の技術者たちは、真っ先にその対象となった。優秀な技術者とその家族たちは、ある者は強要され、またある者は中国共産党に積極的に手を貸し、中国本土に留まった。

1952年。中国の第2次産業（鉱業、製造業など）の生産額は、旧満州国の一角、遼寧省が14・1％、2位の上海が13・6％だった。同じく旧満州国の黒竜江省が5位の5・5％、吉林省は10位の3・2％で、旧満州国の3省を合わせると22・8％。中国全土の第2次産業生産額の、およそ4分の1を占める計算になる。

戦争からの復興、発展を目指す中国共産党にとって、留用した日本人技術者たちはなくてはならぬ存在であり、彼らの存在がなければ、中国の復興はさらに遅れていたはずだ。

中国の戦後復興に手を貸した、また貸さざるを得なかった日本人技術者の一人に、服部の父、幸雄もいた。服部は終戦時に2歳だったが、服部一家は家族で中国本土に留まることを選んだ。だから服部の人生は、中国の〝日本人〟として始まったのだった。中国の環境で育ち中国の教育を受けながら、日本人という異端の存在だった服部は、常に、自分に問いかけ続けることになる。

「自分は何者なのか？　日本人なのか？　それとも中国人なのか？」と。

服部の父、幸雄は先にも触れたが、農林省に奉職する林業の技官だった。旧満州国の重工業インフラを備える東北4省区が、中国共産党にとって最重要地域だったように、旧満州国に眠る森林資源、つまり林業にも大きな期待がかけられていた。旧満州国政府も、豊富な森林資源に目をつけて国内に15の森林実験場を作り、積極的な林業開発を推し進めていたが、中国共産党は、ここでも旧満州国の遺産をそのまま奪取した。

後に、国土の砂漠化が深刻な問題となった中国で、緑化モデルの成功例として、「緑化の聖地」と持て囃《はや》された「固沙造林研究所」も、遼寧省にあった。また黒竜江省帯嶺《たいれい》にあった「帯嶺実験林」は、後に「帯嶺実験林業局」に格上げされるが、中国における模範林業局として全国的に知られ、全国に優秀な森林技官を送り出すことになる。

この森林技官、中国の砂漠化を防ぐ森林政策、林業政策を担う技官を育てていたのが、服部の父の幸雄だった。

服部家は父、幸雄の意思で中国残留を決め、中国で〝日本人〟として生きることを選択した。後年、服部は父に何度となく帰国を促し、訴えたが、父は首を縦に振ろうとはしなかった。

敗戦時、わずか2歳だった服部の記憶は、黒竜江省の森林都市、伊春から始まる。

「フーブー」「日本の小鬼」。

豊富な森林資源を〝売り〟にする、伊春市そのものを表すかのような校名を持つ「育林小学校」。この小学校に通う服部の耳に聞こえて来たのは、日本人の名字である「服部」を中国風に発音して「フーブー」と呼びかける声と、意地悪な表情で投げつけられる、「日本の小鬼」という言葉だった。

服部は、母が縫ってくれた布のカバンを肩からかけて、育林小学校に通った。制服はなかった。戦後4年目、中国共産党が中国全土を掌握してまだ1年ほどしか経っていなかった。街のいたる所に、「毛沢東」主席の写真が飾られていた。もちろん、小学校の教室の一番目立つところにも、「毛沢東」のそれは飾られていた。

「フーブー」「フーブー」

服部はこう呼ばれていた。すべては中国語だった。服部も中国語で話した。日本の国籍を持つ者は「育林小学校」に何名かいたが、服部の身近には日本人はいなかった。当時の服部には、世界の情勢など知るよしもなかった。なぜ周りの子供が自分に向かって、

「日本人！」「日本の小鬼」

などと言って囃し立てるのかが、よく理解できなかった。母がライスカレーを作ってくれたことがあったが、それを見た中国人の同級生は、翌日学校で服部の顔を見るや、他の同級生たちに向かって、「フーブーの家ではうんこを食べているんだぞ」「日本の鬼たちは、うんこも食べるんだぞ」などと囃し立てたことを思い出す。

なぜ自分は日本人と呼ばれるのか？　自分は周囲の子供たちとなにが違うのか？　服部にはよくわからなかった。

そんな疑問を聞くと、父や母からは、こんな答えしか返ってこなかった。

「日本は戦争に負けたんだ」

2つ上の兄、照雄は、父や母がいないところで、服部に諭すように言うのだった。

「日本は戦争に負けたから、中国にも負けたから、中国語を喋《しゃべ》るしかないんだ。日本語は喋れないんだ」

無邪気な服部は、事あるごとに、父や母、そして大好きだった兄、照雄に聞いた。

「日本に帰れば日本語で喋って、日本人がいる学校に行けるんだよね。日本に帰ろうよ。日本に帰りたい。ここは嫌だ」

服部が泣きそうになりながら言うと、父は嫌そうな顔をして黙り、そしてぼそっと、

「負けたんだから仕方ないんだよ」

と呟《つぶや》いた。母は押し黙ったままだった。

父と同じ北海道札幌出身の母は、物静かな女性だった。服部の記憶に残る母は、家の中で決して中国語を使うことはなかった。中国語を話すことを嫌っているようで、外の中国人とも意識して交わろうとしなかった。

「ここは中国なんだから」

そう言って積極的に中国語で会話をしようとしていた父とは、まったく異なっていた。中国語で話しかける父に、母は必ず日本語で言葉を返していた。

服部の目には、父は中国に、共産党に、何らかの理由があって、忠誠を誓わざるを得ないように見えたほどだった。この疑問は今も服部から離れようとしない。

服部が小学生時代を過ごした黒竜江省伊春。冬はマイナス20度まで下がる極寒の街だった。服部の家には、ペチカがあり、オンドルが家を暖めてくれた。それでも冬の間はアカギレが絶えることはなかった。足の指先は、霜焼けで赤く腫れ上がるのが当たり前だった。

母は、綿入れを何枚も重ね着させてくれながら、

「気をつけて行ってくるのよ。負けないのよ。頑張るのよ」

こう言って、頭を撫《な》でてくれた。

綿入れで雪だるまのように膨れ上がった姿で小学校に通った。幸いなことに小学校までは数分しかかからなかった。けれども、その数分の間に身体は芯まで冷え上がった。唇が凍るのが実感できるほどだった。

林業の街、伊春を象徴するような育林小学校は、近代化を急ぐ共産党の意向で地域のモデル校に指定されていた。だから、他の地域の小学校よりも充実した設備が備えられていた。その一つが集中スチーム暖房だった。学校に着くと凍えた唇が溶けていくように感じた。学校まで数分とはいえ、吹雪の時などはその数分が果てしなく長く感じ、学校に着きさえすれば暖房がある、と思うことで、気持ちを奮い立たせてもいた。

戦後すぐの施設で、温度調整など細かいことは出来なかったのだろう。むやみに暑くて教室の中はむせ返るようだった。子供らは、着てきた綿入れや粗末なコートなどを脱ぎ捨て、薄手で過ごしていた。教室の後ろには、脱ぎ捨てられた衣類の山が毎日出来ていた。

教室の窓からは太い剣のような氷柱《つらら》が何本もぶら下がっていた。教室の中は人いきれで蒸せ

返り、安手の磨《す》りガラスをはめ込んだ窓が、風が吹く度にガタガタと音を立て、その度に窓の隙間から冷たい風が針のように入ってきては蒸気となった。磨りガラスは結露し、その雫《しずく》が床に垂れた。教壇に立つ教師は、

「これでふきなさい」

と、雑巾のようなものを、教壇から窓際の子供に向かって投げつけた。当時はそれが当たり前で、何の違和感もなかった。

家のオンドルの床に耳をつけるようにして、寝転んだ時の温もりが今も思い出される。両親、兄・照雄、まだ乳飲み子だった妹、弟と家族6人で住んでいた家に、さほど手狭だったという記憶はない。

贅沢《ぜいたく》といわれても、何が贅沢なのかを知らぬ子供にとって、今ある生活がすべてだった。小学校時代の服部に〝飢え〟の記憶は残っていない。高粱《コーリャン》から作ったパンとスープの食事は、質素といえば質素だった。それに必ず塩辛い漬物がついた。

中国共産党を讃え、鼓舞するスローガンが拡声器で街に響いていた。「中国共産党は人民を救う」、「祖国中国を愛せよ」、「中国人民を愛せよ」。

共産主義下ではあったが、食料などは街にあった露店で買うことができた。人は街に溢れ、戦争から解放されたこともあり、服部の記憶に残る街は冬の厳しさは仕方ないとしても、陰鬱な雰囲気ではなかった。多分に政治的なプロパガンダがあったにせよ、〝躍進〟や〝希望〟といった前向きな言葉が、街には溢れていた。新生中国を建設するのだ、という意気込みが街に

はあった。

日本人家族であった服部家の生活は、そんな街の中でぽつんと静かだった。特に、母は無口だった。元々、無口だったのか、それとも中国へ残留することが決まってから無口になったのか、それは最後までわからなかった。中国語を話している姿は、服部の記憶にない。母はいつも日本語でしか、子供たちに接しようとしなかった。

しかし、父は違った。父は家庭にあっても積極的に中国語で喋っていた。「日本人なんだから日本に帰ろう」、「なぜ日本に帰らないのか?」。服部の訴えに、父は曖昧な表情を浮かべるだけで、中国に残留するはっきりとした理由を、聞かされたことはない。なぜ父が、それほどまでに中国に留まることを良しとしたのか?

一度、こんな事があった。父は、父が勤めている「帯嶺実験林業局」が共産党の最も優秀な林業の実験場となっていること、その日、わざわざ北京から共産党の幹部が視察に来たこと、その視察団のトップが周恩来《しゅうおんらい》(当時は政務院総理)であったことなどを、得意気に話していた。もちろん、中国語でだ。

服部は得意げに中国語で話す父が憎らしくなり、話の腰を折るように父を遮った。

「僕らは日本人なんだから、日本語で喋ればいい。お父さんの中国語なんか聞きたくない」

得意気に話していただけに、父は一瞬怯《ひる》み、押し黙った。が、みるみるうちに顔が上気し、険しい表情になるとこちら側に向き直って、少し強い口調でこう告げた。

「ここは中国なんだ。だから、中国語で話さないといけないんだ」

この時、父は日本語だった。中国語だろうが、日本語だろうが、敗戦国の日本人が中国で生活すること自体が、矛盾だらけだった。その矛盾の中で、学校の同級生と折り合いをつけ、中国という社会と折り合いをつけて生きていかなければならなかった。成長するにつれて服部は、〝きれいに死ぬよりも、惨めに生きたほうがまし〟といわれる中国人の生き方を目の当たりにし、どうしようもない理不尽さの中で、生きる術を学んでいく。

父に対し服部や兄の照雄が反発しても、母は無言で聞いているばかりだった。母が父に口ごたえをするようなことも、ほとんど記憶にない。けれども、母は父がいない時に、子供たちに向かってはっきりこう話していた。

「私たちは日本人。いい？　日本人なんですよ。だから、家の中では日本語を話していいのよ、日本人なんだから」

母のこの言葉を聞いて、父が中国語で話しかけてきても、日本語で返答するようになった。

父は最初、

「中国語で聞いているんだから、中国語で答えなさい」

と、何度か注意をしたけれど、そのうち諦めて何も言わなくなった。

気がつくと赤いネッカチーフを巻いて学校に来る子が増えてきていた。

真っ赤なネッカチーフ。中国語で「紅領巾」と呼ぶものだ。この赤色のネッカチーフを首に巻いた子供が、学校で増えていた。中国の国旗「五星紅旗」の赤から取ったこのネッカチーフは、「中国少年先鋒隊」の隊員であることの証《あかし》だった。

「中国少年先鋒隊」は、中国共産党によって創設された共産党の少年・児童組織で、将来の共産党を担う下部組織だ。その指導にあたったのは、共産党の青年団組織である「共産主義青年団（共青団）」だった。

1949年（昭和24年）10月1日の中華人民共和国建国以来、中国共産党は組織づくりを急いでいた。その過程でできたのが、共産主義青年団であり、年齢的にその下を支える少年先鋒隊（1953年8月までは「少年児童隊」）だった。

少年児童隊への入隊、共青団への入団、そして中国共産党への入党こそが、中国人としての人生の栄光だと、中国共産党は喧伝《けんでん》した。その栄光の第一段の証である赤いネッカチーフは、少年少女の憧れだった。赤いネッカチーフを颯爽《さっそう》となびかせて学校にやって来る子供は、どこか誇らしげであり、周囲もそうした目でその子供らを見つめた。

服部もまた、その真紅のネッカチーフに憧れた。自分の首にもそれを巻きたいと思った。服部は教師に尋ねた。どうしたら赤いネッカチーフがもらえるのか、と。

教師の一言で、服部の夢は脆《もろ》くも潰《つい》える。

「フーブー、あなたは日本人でしょう？　日本人は（少年）児童隊には入れない。入れるのは中国人だけ。日本人は入れない」

教師にすれば当たり前の、些細《ささい》なことに過ぎなかったのだろうが、それを聞かされた服部は違った。

日本人であるという事実が、ここでもまた、服部の心の奥深くに澱《おり》として沈殿した。日本人というだけで苛《いじ》められ、バカにされる毎日。日本人であるが故に劣等民族、敗戦国の卑しい民と罵られる日々。なぜ自分は日本人なのか？　なぜ日本人だと辱《はずかし》めをうけるのか？

教師から、「日本人は少年児童隊の隊員にはなれない」と告げられたその日も、服部は父に訴えた。

「日本に帰ろう。ここはもう嫌だ。もう苛められるのも嫌だ」

いつもならば父が取り繕う言い訳じみた言葉に引き下がるのだが、この日は違った。泣きながら食って掛かる服部を、兄の照雄が父から引き剝がし、

「もうやめろ、悦雄」

と何度も言いながら、涙を流す服部の頭を抱えた。いつもはじっと見ているだけの母も、この日は心配げに服部の身体を抱き寄せた。

父は憮然《ぶぜん》とした表情で、

「今は帰れないんだ……、第一、日本から我々を引き取ってくれるという書類が届かなければ帰れないんだぞ。そんなことも知らないで……」

父の言葉は、ただの言い訳にしか聞こえなかった。

中国共産党のプロパガンダは、容赦なく服部の通う小学校にも浸透した。

その日、服部たち育林小学校の生徒は、講堂のようなところに集められた。その建物の中は

広く、正面には大きな「毛沢東」の写真が飾られていた。すでに学校では、毛沢東を称《たた》えるような授業が行われていた。

いかに毛主席が素晴らしい人物であるか。毛主席の素晴らしい指導力、毛主席の人並み外れた勇気、毛主席がいたからこそ国民党に勝利し、日本軍にも勝利できた。ともかく毛沢東礼賛一色だった。けっして口に出すことはなかったが、服部は生来の反発心からか、毛沢東と聞かされる度に面白くなく、学校に行っても写真から顔をそむけていた。

講堂の一角にはいくつもの土嚢《どのう》が積まれており、今でも戦時中の名残を残す場所があった。

そこで、服部ら育林小学校の生徒を前にして、中国共産党の地域の代表なのだろうか、洗い晒しの粗末な人民服を着た男が声を張り上げて、共産党を中心とした団結を呼びかけ、毛沢東を礼賛していた。

「皆さんが学校に通えるようになったのは、中国共産党のおかげです」

「毛主席とともに新しい中国を作って行こう！　育林小学校の君たちはその偉大な尖兵である！」

こんな勇ましいスローガンを、地域の共産党幹部らしき男たちが、子供たちに向かって叫んでいた。生徒を見守る先生たちも、共産党の幹部が言葉を発すれば頷き、拳を突き上げれば一緒に拳を振り上げていた。服部はそんな光景を、どこか冷めたような目で見つめていた。

そして、映画が始まった。幼かった服部でもすぐに分かるほど、映画は単純なものだった。

要は、中国人を虐待、虐殺する日本兵を描いたプロパガンダ映画だった。後年、これがプロパガンダと呼ばれるものであることを知るが、当時はそんなことなど知るよしもなかった。服部はただ黙って、日本兵士の残虐行為を見つめていた。

そんな矢先のことだ。

「おい、フーブー」

同級生の目は意地悪そうに笑っていた。

「おい、フーブー、お前の同胞のやってることを見てみろ」

粗末なスクリーンには、粒子が粗い映像が映し出されていた。同級生の悪意に満ちた目線の先には、日本兵が銃剣で中国人と思われる農民を刺殺している映像が映し出されていた。

こうしたプロパガンダ映画の上映会は度々行われた。その度に服部は、中国人の同級生たちから好奇の目で見られ、意地悪な言葉を投げかけられた。

「日本人は鬼」

「フーブーは日本の小鬼」

服部はこうした言葉を投げかけられるたびに、日本への帰国に同意しない父への怒りが募った。こんな鬱々とした日々を送っていた服部だが、時々、奇妙な体験をすることがあった。それは、服部がいつものように不愉快なプロパガンダ映画を見せられ、一人家路を急いでいた時のことだ。

「そこの日本人！」

突然、服部はこう呼び止められた。服部が驚いて振り向くと、中国人が、こっちに来いと手招きしていた。服部は恐れた。暴力を振るわれるのか？　そう思うと足が固まったように動かなかった。

人目を憚るように、周囲に目を配っているその中国人は、服部を建物の陰に招き入れ、ポケットから出した粗末なハンカチに包んでいた菓子を見せると、

「持って返って食べなさい。誰にも言ってはダメだよ」

と、ハンカチごと服部に押し付け、左右に人影がないことを確認して、サッと身を翻して路地裏に消えていった。

服部はあっけに取られていた。自分の掌《てのひら》に載るハンカチを恐る恐る開いてみた。それは、服部の家ではまったく口にできない飴玉《あめだま》のようなものだった。

服部は誘惑にかられ、一粒を躊躇《ちゅうちょ》なく口に放り込んだ。口の中に微《かす》かな甘さが広がると同時に、服部は焦った。誰かに見られてはいないか。口を塞ぐように手を当てながら周囲を見渡した。誰もいなかった。安堵《あんど》したのも束の間、今度は激しい後悔の念が服部を襲う。飴玉を口に含んだままでは家に帰れない、と思った。途中、誰かに見咎《みとが》められて、誰何《すいか》されたらどうしよう。そんなことが、服部の頭の中を駆け巡った。

気づいたら、服部は束の間の幸せをくれた飴玉を飲み込んでいた。激しい後悔。なんで飲み込んだのか、と。

こんな一人芝居をしてしまうのも、すべては自分が取り残された日本人だからだった。帰国しない、帰国しようとしない父が悪い。帰宅した服部は父母に報告する前に、謎の中国人から

もらったハンカチの包みを取り出して、無言で兄の前に突き出した。

照雄はいつもと違う雰囲気を察したのか、無言でくしゃくしゃのハンカチを広げた。中からは、白っぽい飴玉のようなものがいくつか出てきた。

薄暗い家の明かりの下で見る飴玉は、太陽の下での輝きを失い魅力的なお菓子には見えなくなっていた。服部は、不思議な思いでそれを見つめ、兄の言葉を待った。

「誰からもらったんだ？」

兄は服部を見つめた。

服部は、知らない中国人から学校の帰りに呼び止められた経緯を、正直に話した。

兄は飴玉の一粒を部屋の薄明かりにかざすようにつまみ上げると、今度は服部を見つめて聞いた。

「悦雄はもう嘗《な》めてみたのか？」

服部は反射的にウソをついた。

「ううん。僕はまだ食べてないよ」

「そうか」

兄は笑って、

「口を開けろ」

と言って、指先の飴玉を静かに口に入れてくれた。そしてもう一粒つまむと、それを自分の口に放り込んだ。

なぜ、その中国人が服部に貴重な菓子をくれたのか、兄は次のように分析してみせた。

戦前、満州国の一翼を担っていた黒竜江省には、数多くの在留邦人が居留していた。また日本企業も少なくなかった。そうした日本企業に雇用されていた中国人の中に、日本人から恩恵を受けていた者も少なからずいた。そうした人たちが、差別されながら生きている服部のような日本人を不憫《ふびん》に思い、陰ながら励ましてくれているのだろう。これが兄の見立てだった。

照雄が考えた通りなのか、この後も服部は、菓子や時に饅頭《まんじゅう》などをこっそりともらうことがあったし、たどたどしい日本語で、

「がんばりなさい」

と、小声で言われることがあった。もちろんどの中国人も、服部にとっては初対面の人たちばかりだった。


服部が小学生時代を過ごした1950年代前半、中華人民共和国は、まだ国家としての枠組みが確立された訳ではなかった。

国家主席には毛沢東、政務院（54年からは国務院）総理には周恩来という2人の指導者が国の顔となっていたが、脆弱《ぜいじゃく》な経済力、統制の利かぬ政治力は、中国の未来を危ういものにしていた。

中国が国家としての求心力を持つきっかけとなったのは、1950年、中華人民共和国の設

立の翌年に勃発した、朝鮮戦争だった。

朝鮮民族が分断された戦争で、毛沢東率いる中国は、金日成《キムイルソン》が労働党中央委員長を務める北朝鮮（朝鮮民主主義人民共和国）支援のために参戦する。

一時は劣勢に追いやられた米国主体の国連軍だが、逆に、北朝鮮軍を中国国境の鴨緑江《おうりょくこう》付近まで追い込んだ。その時だった。国境線の地平から雲霞《うんか》のごとく、中国人民解放軍、義勇兵らおよそ26万人が現れる。義勇兵を含め、この戦争に投入された兵士は50万人を超え、そのうち18万人以上が戦死した。18万余の戦死者には、義勇兵として参加した毛沢東の長男、毛岸英《もうがんえい》も含まれていた。毛沢東はこの戦争で、国の根幹を定める数多くの教訓を得た。

まず、日本や韓国など、米国の圧倒的な影響下にある国々がアジアで誕生するなか、毛沢東は親ソビエトを鮮明にし、国家形成の範をソビエトに求めるようになった。

しかし米国の近代兵器を前に、我が子を含む18万人以上の戦死者を出さざるを得なかった。ラッパとともにただ突撃を繰り返す中国兵、酒をラッパ飲みして突撃してくる中国兵の目撃談は、米側では、朝鮮戦争の嘲笑の対象として語り継がれた。不名誉な伝説だった。それほど中国の軍備は前近代的であり、軍備の近代化は急務だった。軍事力を高めるためには、その基礎となる工業化、科学技術の高度化を急がねばならなかった。

１９５０年に勃発した朝鮮戦争は、中国共産党に国内基盤の強化も促した。朝鮮戦争という動乱に乗じて、不穏な動きをし始めた国民党の残党、地方の土着的な宗教組織などに対して、不穏分子の摘発、逮捕、死刑を徹底させた。治安維持という名目のために、３度にわたって

「反革命活動の鎮圧に関する指示」が出され、その結果として、1950年の1年だけでも129万人が逮捕され、そのうちの60％に近い71万人が処刑された。

中国共産党が選んだ処刑の方法は、公開死刑だった。そして服部も、その現場を何度となく目撃する。その過酷で強烈な体験は、70年以上たった今も夢の中に現れて、服部を苛《さいな》む。それほど酷い光景だった。

――突然、先生の1人が大声を出しながら、廊下を走り回っていた。

「全員、すぐに校庭に集まれ！」

ドタドタとした足音が遠ざかるや、教壇に立つ教師からも、早く、早くと生徒たちは急《せ》かされる。共産党の幹部が突然視察に来た時も、こんな風に急き立てられて校庭に集められた。だからその時も、服部はまた誰か来たのだろう、と思いながら校庭に急いだ。

しかし、その日は違った。校庭にはモスグリーンの人民解放軍の兵士らが集まっていた。くたびれた軍用トラックも何台かとまっていた。兵士の中にはタバコを咥《くわ》え、笑いながら何ごとかを話している者もいた。

子供たちが遠巻きにする先には、3人の人間が丸太に括《くく》り付けられていた。3人ともよれよれの着古したランニングシャツを着て、下は野良着のようなズボンをはいていた。すでに目隠しをされていた。目隠しとして使われていたタオルの白さが、やけに目立った。

服部をはじめ子供たちは、その不穏な空気に緊張し目を細めていた。中には好奇心を止められず、丸太に括り付けられている男たちに近寄り、兵士から追い払われる子供もいた。

咥えタバコを地面に投げ捨てた兵士の1人が、子供らに向かって声を張り上げる。

「ここにいるのは反革命分子だ！　我々同胞を殺してきた国民党の人間だ！　憎き蔣介石《しょうかいせき》の手下だ！　中国共産党の敵だ！」

兵士は、改めて子供らを見回し、ダメを押すように、

「これから処刑を行う」

と宣言した。わざわざ生徒たちの前で行う公開処刑だった。

声を張り上げた兵士から10メートル近く離れていただろうか、そちらに視線を移せば、すでに兵士が3人、ピストルを構えていた。

丸太に括り付けられ、白いタオルで目隠しされた国民党の残党3人は、うなだれてただ死を待つのみだった。するとその中の1人が突然、

「国民党万歳！　中国共産党は人殺しだ！　国民党万歳！　中国共産党にツバを！」

と叫び始め、うなだれていた2人も首を上げて、身体を捩《よじ》らせては、

「国民党万歳！　共産党は人殺しだ！」

と叫び始めた。慌てた解放軍の兵士が、

「黙れ！　人民の敵が……」

とやはりこちらも興奮し、叫びながら3人に駆け寄るや足蹴にしたり、拳骨で顔を殴りつけ黙らせようとした。

その時だった。こうした光景を遠巻きにしていた生徒たちから、1人の子供が、

「パパー（おとうさん）」

と声を上げるや、両腕を前に突き出して、3人のうちの1人に駆け寄ろうとした。見ると服部の家の近くに住む、学年では1つ上の子供だった。日常的に接していた友人の父親が、いま服部の、そしてわが子の目の前で銃殺されようとしているのだった。丸太に括り付けられ、目隠しをされた哀れな姿の父親に、抱きつこうと駆け寄る友人、その光景は60年以上たった今も、スローモーションのように鮮明に思い出すことができる。

「パパー」という悲鳴にも似た声、垢《あか》まみれの汚い顔に流れる涙、男に着せられた粗末な服……。こんな光景がひとつひとつ、服部の記憶として蘇《よみがえ》ってくる。

銃殺刑を待つ父親に駆け寄ろうとした友人は、父親の身体にしがみつく前に人民解放軍の兵士に取り押さえられた。足をバタバタさせてもがきながら、

「パパー」「パパー」

と叫んでいた。

苛立った兵士の指揮官は、子供の行為に呆気にとられていた3人の兵士を叱責し、

「早く撃て！」

と命じるや、父に抱き寄ろうとしていた子供を突き飛ばし、足蹴にした。蹴り飛ばされても「パパー」と泣き叫ぶ子供を無視するかのように、3人の兵士の持つピストルから銃弾が発射される。

服部はまるで夢でも見ているかのような思いだった。間違いなく現実なのだが、その現実感を掴むことができない。自分の生活圏に住む人間が殺される。こんな異常なことが起きているのに、殺されようとしている人間を前にして、誰一人として顔をそむける生徒はなく、むしろ集団興奮の渦《うず》の中で、奇妙な高揚感を覚えているようでさえあった。

乾いた音が校庭に広がる。耳を押さえる子供、流石《さすが》に「ウワー」「キャー」という声が、子供たちの中から漏れた。

それに続いて服部が聞いたのは、処刑を執行された3人の、もがき苦しむうめき声だった。銃撃されても3人は死んでいなかった。

服部は後年、中国から祖国日本に戻り、自由に映画を観ることができるようになった。そして、映画のワンシーンで、人が一発の銃弾で〝きれいに〟処刑されるシーンを見る度に、

「そんなきれいに、そんなに簡単に人は死なない」

と、一人ごちることがあった。なぜなら、中国の学校の校庭で何度となく見せられた銃殺刑の現場で、一発の銃弾で死んだ人間は、一度として見たことがなかったからだ。

初めて銃殺現場を見せられた、この時もそうだった。3人の兵士から発せられた銃弾は、ある者には足に当たり、別の者には手や腕などに当たっていた。

苦しむ兵士は、もがきながらも、

「国民党万歳！」

と声を振り絞っていた。その声を聞くや、指揮をしていた兵士はヒステリックに、

「撃て！　撃て！　早く殺せ！」

と叫ぶのだった。

何発もの銃声が、校庭に響いた。丸太に括り付けられた3人の身体のあちこちから血が流れていた。ガクンと首を垂れて3人は息絶えていた。友人の父親も死んでいた。服部は身を硬くして、その陰惨な光景を眺めていた。

突然、服部の後ろからこんな声が聞こえてきた。

「あのタオルどうするのかな?」「あの白いタオルが欲しい」

服部の周囲でこんなヒソヒソ声が聞こえて来た。〝白いタオル〟とは何か？　服部が耳を澄ますと、それは処刑された〝反革命分子〟の目隠しに使われていた、白色のタオルのことだとわかった。子供たちは、処刑に使われた目隠しの白いタオルがもったいない、と話していたのだった。

服部は思った。中国人はやはり日本人とは違う、と。中国人は子供であってもたくましいと思った。処刑に使われたタオルなど、それがいかに新しくてきれいであっても、服部は欲しいとは思わなかった。

友達の前で父を失った少年はうなだれ、身体のあちこちから血を流している父親にしがみついて泣いていた。それもしばらくすると、教師に諭されて父親の身体から引き剝がされた。

3人の遺体は、縄を解かれるとドサッと足元に崩れ落ちた。乾いた土に血痕が飛んだ。トラックが横付けされると、2人の兵士が両腕と足を持って、トラックの荷台に遺体を放り投げていた。遺体が投げられるたびにドスンと音がした。3人の遺体を載せたトラックが走り去ると校庭はまた静かになった。服部が初めて目撃した人の死は、こうして終わった。この時のそれぞれの場面が、それは銃弾の音であったり、「国民党万歳」の声であったり、うめき声であったり、身体から流れる血であったりしたが、夢の中で服部を苦しめた。

処刑のみならず、〝反革命分子〟の裁判もまた公開で行われた。

その〝人民裁判〟が行われたのは、育林小学校からも近い体育館のような施設だった。大人の市民とともに、服部の兄、照雄など地域の子供たちも、その体育館に集められた。粗末な体育館に中華人民共和国の国旗「五星紅旗」が、毛沢東の巨大な写真とともに掲げられていた。

革命を意味する「赤」の下地に黄色い大きな星、その周りに4つの黄色い小さな星がデザインされている。大きな星は「中国共産党の指導力」、4つの小さな星はそれぞれ「労働者」、「農民」、「知識階級」、「愛国的資産階級」を意味するとされる。また、大きな星は「漢民族」、その他の星は「満州民族」、「モンゴル民族」、「トルコ系ウイグル民族」、「チベット民族」とする見方もあるという。

いずれにせよ、世界の中心にある文明の地、「中華」を中心に、民族も階級も成り立っているという考え方は、中国大陸では普遍のものだ。

その五星紅旗の下を、人民裁判にかけられる〝反革命分子〟の被告人たちが、兵士によって引き立てられてくる。身も世もないほど打ちひしがれ、疲弊した男女が次々に引き立てられて

行く。少しでも遅れたり、立ち止まろうものなら、

「怠けるな！　しっかり歩け」

と、警棒のような棒で打擲《ちょうちゃく》された。

〃反革命分子〃というレッテルを貼られた、被告人の姿は哀れだった。名前と罪状が書かれた小さな板を首からぶら下げられていた。髪の手入れなど許されるはずもなく、若い女性の顔は汚れ、その髪は脂で固まっているように見える。そして何より、被告人たちの右足首にはめられた鉄の大きな重りが不気味であり、半ば娯楽のように集まっていた市民たちの感情を、より高ぶらせるようであった。

鉄の塊を引きずりながら、被告人たちは引き立てられて行く。服部をはじめかき集められた傍聴人は、膝を抱えるようにして床に座り彼らを見つめていた。

鎖と鎖がぶつかり合うガチャガチャいう音とともに、鉄の塊がガーガーと床を擦《こす》る低い音。その不気味な重低音が、否応もなく会場に不穏な空気を作り出していた。

縄で繋がれたまま、鉄の塊を引きずる十数名の被告人。ただうつむいてヨタヨタと歩く者もいたが、敵意に満ちた視線を〃見物人〃に投げかける者もいた。

「恥を知れ！　お前らは死刑だ」

会場からこんな声が飛ぶ。被告人の男が、

「お前らこそ死ね！」

と叫ぶと、ツバを吐きかけた。とたんに兵士が駆けつけ、警棒でツバを吐いた男の顔を叩《たた》い

た。うずくまる男の背中に警棒を何度も叩き込む。その男につながれた被告人の隊列が大きく乱れ、足首に鎖が食い込むのか、あちこちから「痛い」という声が漏れた。

隊列の乱れが、会場にあった極度の緊張から市民たちを解放したのだろう。「お前らは共産党の敵だ！」、「この売女《ばいた》」、「犯罪人！」、「早く死んでしまえ」。こんな罵詈雑言《ばりぞうごん》が、会場の方々から被告人たちに浴びせられた。会場に配備された兵士がピー、ピーと警笛を鳴らし、やじを飛ばす市民を制していた。

服部は目を背けたい思いで、その隊列を眺めていた。ただただ哀れでしかなかった。

服部の目に止まった一人の女性は目もうつろで、足取りもおぼつかなかった。どこか自分の母親にも似た風貌がいっそうそう思わせたのか、できることならば走り寄って、

「大丈夫ですか？」

と、声をかけてやりたいほどだった。足首につけられた鎖、その先の鉄の重り。たどたどしい足取りで歩く度に鎖が鳴り、重りが床を擦る音が響く。

壇上に上げられた被告人たちはうなだれ、顔を上げようともしない。兵士たちは集まってきた聴衆に顔を見せろとばかりに、警棒で顎《あご》を上に持ち上げようとする。裁判とは名ばかりで、実情は、集まった者たちによる集団リンチに近かった。

被告人たちの目の光は、弱々しく虚ろだ。それに反比例して、集まった者たちの気分は高揚し、「あいつらは裏切り者だ」、「共産党の敵だ」、「人殺し」、「売女」という声が高まった。

売春の容疑で逮捕された女性に、中年の女が壇上に駆け上がるやその頬を張り飛ばし、

「この売女！　死んでしまえ」

と、ツバを吐きかけた。兵士らは止める風をしていたが、ニヤニヤ笑うばかりだった。

さらし者にされた人々は哀れでしかなかった。突然、会場から笑い声とも驚きともつかぬ声があがる。公開リンチを楽しみに集まった冷やかしの者たちが立ち上がり、ある被告人を指差していた。服部がそちらに目を向けると、被告人の女性が悄然《しょうぜん》として立ち尽くしていた。彼女の姿からほのかに湯気が上がっていた。寒さのためだろう、彼女は排尿を我慢できず立ったまま尿を漏らしたのだ。よく見れば、彼女の足下には湯気とともに尿が溜まっていた。彼女の周りの被告人が、驚いて身を引こうとする。会場からは笑いと失笑が漏れた。

こんな茶番劇でしかない公開裁判が、中国のあちこちで行われていた。服部は何度となく、これと同じような光景を目撃した。その度に、服部は中国人を嫌いになっていった。過酷な立場に置かれた者たちのことを、中国人は徹底的に馬鹿にして小突き回し、そしてツバを吐きかける。服部は子供心に、人間として許せないと思った。服部は、〝水に落ちた犬は叩け〟という言葉をまだ知らなかったが、中国人のやり方に嫌悪の情は強まるばかりだった。中国人への嫌悪が強まれば強まるほど、自分が日本人でよかったと、心から思った。

自分は日本人だ、自分はあんな中国人ではない。自分は日本人だ……、そして、はたとあることに思い当たり、心が凍りついた。日本人である自分は、ただでさえ学校でいじめの対象になっている。なにかのきっかけで、公開リンチに遭った者たちと同じ立場に、簡単になるのではないか……。

尊敬する兄、照雄の日課で服部がどうしても納得できないことがあった。照雄は自宅にいる時、一日50回と回数を決めて腕立て伏せをやっていた。静かな家の中で、腕立て伏せをする照雄の荒い息遣いが響いた。服部は尋ねた。「なんでそんなことをしているの?」。

照雄の答えは明快だった。

「悦雄」

兄は、服部の顔をまじまじと見つめながらこう言った。

「悦雄、いじめられた時に必要なのは腕力なんだよ。ケンカに負けないためにも腕力は必要なんだよ」

そして、悪戯《いたずら》っぽい表情を見せて、「お前もやるかい?」と言うのだった。

服部は思わず首を左右に振った。それを見た兄はニタッと笑うと、何も言わずにまた腕立て伏せをやり始めた。

服部は珍しく兄の勧めを断った。服部は内心、こう思っていた。

――確かに、自分たち日本人は、中国人の格好のいじめの対象だ。嫌な思いはそれこそ毎日だ。毎日、毎日、日本人であることをあげつらわれ、悪意のある言葉を投げつけられる。時に取っ組み合いのケンカになることもある。しかしだからといって、暴力に暴力で対抗しようとは思わない。

服部はまだ幼かったが、中国人の中で自分の居場所を見つけ出していた。子供は子供なりに、自らを守る術を見つけていた。それは何かといえば、勉強だった。

「成績が良ければ一目も二目も置かれる。勉強のできない子が教えてくれと、言ってくる。だいたい、どこの国でもガキ大将は勉強、できないでしょう？　ガキ大将が頭を下げるんだから、教室での地位は上がるんだよ。腕力なんてダメなんだよ。その意味では、兄はちょっと間違ってたね」

中国には、科挙《かきょ》の歴史がそうさせるのか、厳しい狭き門をくぐり抜け、勉学で栄達する能吏《のうり》を盲目的に尊ぶ風が強い。

科挙の制度は、本試験を受験するまで3～4つの予備試験を、その後、3段階の本試験を乗り越えなければならない。587年頃、隋《ずい》の文帝が始めたとされる科挙は、清朝末期の1904年まで続き、合格者の競争率は3000倍とも言われた。その狭き門をくぐり抜けた者だけが、国家を動かす行政組織の最上位に君臨した。

現在の湖北《こほく》省の一部であるかつての「荊州《けいしゅう》」では、唐代に科挙に合格する者はまったく出ず、それ故「不毛の地」、すなわち〝天荒〟と呼ばれていた。ところが、その天荒の地で〝劉蛻《りゅうぜい》〟という者が初めて科挙に合格。かくして天荒の地は破られた。この故事から生まれた言葉が、「破天荒」だ。つまりこうした言葉が生まれるほど、科挙は中国社会に浸透し、決定的な影響力を持っていた。

国家体制が共産主義となった今も、中国の最高学府とされる北京大学、清華《せいか》大学などに、卒業生を送り込む高校の競争率は100倍単位であり、またそうした高校に卒業生を送る中学も名門中学とされ、その入学は至難とされる。名門中学に入ることが、中国社会での出世のチケットを握る、という科挙の気風は今も続く。そのために、ディベロッパーが莫大な寄付金などを約束した上で、不動産開発をする土地に名門中学に移転してもらい、その中学の名前を開発の〝目玉〟として、大々的に利用することさえ今は行われている。

服部は、生まれ持って頭脳明晰《めいせき》だったのだろう。

「少し勉強するだけで、常に学年ではトップの成績だった」

服部がこう振り返るように、この学力が、中国社会で生き残るための有力な手段となっていく。服部は言う。

「中国はね、昔から学歴社会なんですよ。無慈悲というか、徹底的に学歴社会なんです。だからね、北京大学や清華大学、上海の上海交通大学や復旦《ふくたん》大学を出ていれば、中国社会では、それだけでどうにかなる」

ただ、服部が生活する伊春は、黒竜江省の地方都市に過ぎず、服部が夢見はじめた北京大学や清華大学に進学するのは、非常に厳しい状況にあった。

そんな服部に、希望の光が差す。父親が配置転換となったのだ。今度の赴任地はハルビンだった。黒竜江省第一の都市であるばかりか、中国を代表する都市の一つでもある。ハルビンへの父の転勤は、新たな希望を服部にもたらした。しかし、服部に差した希望の光とは裏腹に、中国共産党の権力闘争は徐々に表面化しつつあり、共産主義の矛盾も噴き出し始めていた。

第3章

毛沢東の狂気

伊春近くの実験林の管理育成をしていた父がハルビンへの転勤を命じられ、服部も小学生時代を過ごした伊春を去る日がやってきた。

ハルビンまで伊春から南西におよそ350キロあまり。中国大陸の規模を考えればわずかな距離でしかなかったが、黒竜江省の省都であるハルビンは、伊春とは比べ物にならない大都会だった。現在ハルビンの人口はおよそ1000万人だが、服部が一家で移り住んだ1958年（昭和33年）でも、すでに400万人の人口を抱えていた。

ハルビンはロシアによって開発された都市だった。1896年、ロシアの手により満州を横断する東清鉄道の建設が着手されるや、ハルビンは交通の要衝として1898年から建設が始まった。主導したのはロシア人だった。着手してからおよそ20年後、ただの農村だった街は人口10万人以上の都会に変貌していた。住民のおよそ半分がロシア人だった。ロシア人は、この異国の地を、自分たち好みの街に仕立て上げていった。

服部がその偉容を見上げ、兄に、

「これに登れば空まで行けそうだ」

と漏らした、ロシア正教の寺院「聖ソフィア大聖堂」が出来上がったのは1907年のことだ。美しい石畳が続く「中央大街」の両側には、ロシア風の西洋建築が並んだ。服部の目には、ハルビンは中国ではなかった。もちろん、中国以外の国など知らぬ服部だったが、中国共産党が、堕落した資本主義の国として批判していたアメリカやヨーロッパの国々は、きっとこうなのだろうと想像した。想像することが楽しく、いつかはそうした国々に行きたいとも思っていた。ハルビンには、ヨーロッパで迫害を受けたユダヤ人が多く住んでいたという歴史も、服部は知る。ユダヤ人が残したシナゴーグなどが、ハルビンの彩りとなっていた。

ハルビンという大都市は、服部の新しい生活、新しい世界を開く扉のように思えた。周囲を気にしていた小学生時代の鬱積を、すべて吐き出せるような気がしていた。

服部を喜ばせたのはハルビンの威容だけではなかった。小学生時代から成績は常に一番だった服部は、ハルビンのみならず、全中国でも屈指の名門中学、「ハルビン第三中学校」に合格したのだ。

中国の教育システムは、日本と同じ6・3・3制、つまり小学校が6年制、中学、高校がそれぞれ3年制となっている。ただ中国では、中学校を「初級中学」と呼び、高校を「高級中学」と呼ぶ。この2つを合わせて「中学校」と呼んでいる。

こうしたシステムのもとで、特別に質の高い教師を用意し、教育施設も充実させた、将来、国を担う選ばれし者たちを育てるための学校を「重点」と名付け、特別な教育機関としていた。

「重点校」は、小学校から大学まで存在していた。過去形で表現しているように、この国策は2006年に廃止された。大学進学率で「重点校」には遠く及ばない普通学校を、いつの間にか「薄弱校」と呼ぶようになるなど、重点校との教育の格差、差別化が極端に進んでしまったためだ。けれども、旧重点校に、莫大な費用をかけても進学させようとする親は跡を絶たない。つまり、それほど学歴は中国社会では極めて重要であり、今でも旧重点校から旧重点大学に進学することは、将来のエリートを約束されたのも同然なのである。

この将来の幹部候補生を約束されたハルビン第三中学に、服部は通うことを許されたのだ。1923年に開校したこの中学は、黒竜江省はもとより全国屈指の名門中学であり、その上位10％程度は、中国が世界に誇る名門大学である北京大学、清華大学、復旦大学、上海交通大学などに進学していた。

中学の受験科目は「国語」「算数」「常識」だった。今でも、中国の受験熱は凄《すさ》まじいものがあるが、学力は立身出世の第一条件だった。では、国語、算数に次ぐ常識とは、一体どんな科目だったのか？

「常識っていうのはね、（中国）共産党の常識っていう意味なんだよ」

服部はこう言って、笑って見せた。

服部がいう〝共産党の常識〟とは何を指すのか。

「共産党の公式見解みたいなもんで、例えば、『共産党革命を実現させるためには日常生活をどうすべきか』とか、『革命のための学習にはなにが必要か』とか、『右派分子を一掃するために必要なものは何か』とか」

服部は、こうしたいかにも試験に出そうな命題を教師とともに考え、いくつも暗記していたという。成績の良かった服部にとって、さして難しい問題ではなかった。六十数年前を振り返って服部は、

「たぶんね、僕は100点満点だったと思うよ。入試には自信があった」

将来が約束されているハルビン第三中学校への入学は、本当に嬉しかったのだろう。合格通知を受け取ったその日のように目を輝かせた。ハルビン第三中学は、先に述べた通り高校（高級中学）を併設しており、実質、中高一環教育で学ぶことができた。

学力は、誰もが認める客観的な評価だった。日本人であるというハンデ、差別の中、服部の夢はいつの日か学力で、そうしたハンデや差別をねじ伏せることになっていた。

ハルビンの自宅は官舎だったが、伊春市のそれより広くモダンな家だった。少し汚れてはいたが、白色の壁も子供心に都会的な感じがした。家にはオンドルのための2本の煙突が立っていた。北海道の稚内と同じ緯度にあるハルビンは、伊春市と同じように極寒の街だった。冬場の1月、2月は稚内よりも10度以上低い、マイナス30度近くになることもあった。大陸内部にあるがゆえに、強い放射冷却が起こった。冬の朝には、ハルビンの代名詞ともいえる大河、スンガリー（松花江《しょうかこう》）から水煙がたち、街中を朝靄《あさもや》が包んだ。上ったばかりの太陽は、靄のために淡く白かった。零下20度を超える日が続くこともあったが、幸い服部一家が移り住んだ官舎

は、服部が通う中学校からわずか数分の所だった。

服部は希望を持った。学力があれば、中国人が望んでも進学することのできない、北京大学、清華大学に進むことができる。いじめていた奴らすべてを、見返すことができる。

事実、服部の成績は優秀で、選ばれた者たちが集まるハルビン第三中学でも図抜けていた。テストが行われる度に、校内には成績上位者が紙に貼り出されたが、その最上位に書かれている名前は、服部だった。

「フーブーは凄いな」

仲のよかった同級生たちは、服部の中国風の呼び名で服部を褒めてくれた。特に理科系は、服部自らが、

「天才ではないかと思うほどよくできた」

と笑ってみせるほどで、黒竜江省内から選ばれた選《よ》りすぐりの教師たちも、服部の優秀さには目を見張り、中にはこう勧める者もいた。

「フーブー、北京大学や清華大学もいいが、『軍事工程学院』も考えてはどうか?」

軍事工程学院の正式名称は、「中国人民解放軍軍事工程学院」。まさに人民解放軍の幹部を養成するための軍事大学だった。国民党との内戦に勝利した共産党が、最も重要視したのが軍事力の強化であり、優秀な軍人の養成だった。それに応じるように、人民解放軍によって設立されたのがこの学校だった。設立を呼びかけ、尽力したのは人民解放軍の英雄であり、毛沢東から次期主席として後継指名を受けていた林彪《りんぴょう》だった。後に林彪は政争に敗れ、1971年、家

族とともにソビエト連邦に亡命を図ったが、航空機がモンゴルで謎の墜落。中国共産党の歴史から葬り去られた。

しかし、当時の林彪の影響力は絶大であり、特に軍は林彪の思うがままだった。その林彪が初代の校長に据えたのが、後に人民解放軍副総参謀長となる陳賡《ちんこう》だった。軍事工程学院はその後、哈爾浜《ハルビン》工程学院（現・哈爾浜工程大学）と改称され、1978年に重点大学に認定された。服部が中学の時代は、清華大学よりも上位に位置づけられたほどだった。

有力者の子弟も、数多くこの門を潜った。毛沢東の甥で、一時は毛沢東が自らの後継者にと考えていた毛遠新《もうえんしん》もそうだった。毛沢東の威光を背景に、毛遠新はわずか27歳で遼寧省の革命委員会副主任に抜擢された。また、やはり革命世代の英雄の一人に人民解放軍元帥、賀竜《がりゅう》がいるが、彼の息子も軍事工程学院出身だった。トヨタで働くようになった服部が、極めて親しく付き合った共産党の最高幹部、兪正声《ゆせいせい》も、同学院の出身者の一人である。

兪正声は、1945年生まれ。服部の2歳下にあたるが、天津市長を務めた後、「第一機械工業部部長」となった兪啓威《けいい》の三男であり、父が共産党の幹部である、いわゆる〝太子党《たいしとう》〟の一員だった。軍事工程学院を卒業後、エンジニアとしてキャリアを積んだ兪正声に転機が訪れるのは、1983年。電子工業部に移った兪を待っていたのは、電子工業部の部長（大臣）となった江沢民《こうたくみん》だった。後に国家主席に上り詰めた江沢民だが、かつては、兪の父が第一機械工業部部長時代の部下だった。兪の父、啓威は江沢民を可愛がった。江沢民はそのお返しとばかりに、エンジニアだった兪を可愛がり、引き上げた。

兪正声の最大の危機は、実兄の兪強声《きょうせい》が、1986年に米国に政治亡命した時だった。兪のキャリアもここで終わりかと思われたが、思わぬところから、救いの手が差し伸べられた。窮地の兪を救ったのは、鄧小平の息子、鄧樸方《とうぼくほう》だった。鄧の取りなしで危機を脱した兪は、上海市党委員会書記として上海万博を成功させ、中国共産党政治局常務委員という最高指導部のメンバーとなる。服部と兪正声は、服部が北京に駐在していた1990年代から親しくなり、年に何回かは、兪の家族を交えた食事会が続いた。

このように多くの大物を輩出したハルビンの軍事工程学院に、服部は十分進学できると言われていたのだ。

口にこそしなかったが、自分の優秀さを教師らが褒めてくれるのはありがたかったし、嬉しくもあった。〝日本の小鬼〟と呼ばれ続けてきた少年が、カタルシスを得るには十分だった。しかし、軍人になる気などまったくなかったが、日本人の自分が中国人と同じように進学できるのか、人民解放軍に入れてもらえるのか、という漠然とした不安が、いつも心のどこかに巣くっていた。

服部が伊春からハルビンへ移り、ハルビン第三中学の門をくぐった頃、黒竜江省から1200キロあまり離れた北京では、およそ20年におよぶことになる、政治的な動乱の予兆が起き始めていた。その中心にいたのは、毛沢東だった。

1957年。国民党との内乱に勝利し、中国共産党が政権を担って8年がたとうとしていた。

強烈なカリスマ性と周到な戦略、そして根深い猜疑心《さいぎしん》によって共産党をねじ伏せ、自らの神格化を図り続けてきた毛沢東は、明らかに苛立《いらだ》っていた。

ソ連の最高指導者となったニキータ・フルシチョフは前年、秘密裏にスターリン批判を始め、ソ連からスターリン派を一掃しようとしていた。フルシチョフは同じ姿勢、つまりスターリン政治からの決別を、毛沢東にも求めた。

フルシチョフは、直情的で粗野な男だった。個人教師然として自分に接してくるフルシチョフのことを、毛沢東は毛嫌いしていた。フルシチョフの風下に立つことを良しとしなかった。さらに、中国国内にも〝批判分子〟が生まれつつあった。1956年には、中国共産党の規約から「毛沢東思想」という言葉が削られ、集団指導体制が確認された。個人崇拝は非難された。

加えて、スターリン政治に範をとった農業の合作化（集団化）の成果は、遅々として上がらない。やはりスターリンの政策にならった石炭や鉄鋼の大増産も、掛け声倒れに終わりそうだった。忠実な腹心だったはずの総理、周恩来さえ、合作化の減速を主張する始末だった。

ソ連でフルシチョフが行うスターリン批判は、国内ではそのまま毛沢東批判につながる。業《ごう》を煮やした毛沢東は、自らの権威を守り偶像崩壊を避けるため、こんな行動に出た。

毛沢東は「共産党への批判を歓迎する」と発言し、「百花斉放《ひゃっかせいほう》」、「百家争鳴《ひゃっかそうめい》」を提唱したのだ。

多彩な文化を開花させ、多様な意見を論争するという意味である。毛沢東は「共産党への批判を歓迎する」と宣言し、今まで弾圧によって封じ込めていた自由な言論を促した。共産党批判を良しとする、百花斉放・百家争鳴運動を通じて、毛は民衆の不満のガス抜きを図り、そして自分への批判勢力をあぶり出そうとしていた。

ところが、これが大きな見込み違いとなる。共産党批判は、毛沢東の予想をはるかに超える勢いで、その論調は激しくなるばかりだった。毛沢東個人に対する批判も噴出した。

「毛沢東に対する個人崇拝が、共産党をダメにし、中国をダメにしている」

こうした攻撃に対して毛沢東が出した答え、それは〝弾圧〟だった。

「共産党への批判を歓迎する」と言っていた毛は、共産党を批判した者たちを〝反革命分子〟〝右派分子〟と決めつけ、およそ50万人といわれる知識人や学生を地方に送り、強制労働を課した。摘発の過程で暴力も振るわれたが、すべて記録からは抹消された。この時、毛沢東の側近として弾圧の指揮をとったのが、当時共産党中央総書記だった鄧小平だった。総書記という要職にあった鄧は、この弾圧を、「ブルジョア階級右派に反対する闘争」と捉えていた。

20年後の1977年から、〝反革命分子〟〝右派分子〟と名指しされ弾圧された、50万人もの人々の名誉回復が行われた。およそ99％が冤罪《えんざい》だった。当の鄧小平も、「（弾圧は）毛沢東時代の重大な過ちの一つである」と、発言している。

暴力によって、自らの地位と名誉と権威を守った毛沢東が向かったのは、人工衛星「スプートニク」の打ち上げ成功に沸きたつソ連だった。1957年11月、毛沢東はソ連の首都、モスクワを訪問する。毛沢東とはイデオロギーも外交政策も異なっていたが、フルシチョフは6億5000万人もの人口を抱える中国との同盟を重視、毛沢東を異例なほど盛大に迎えた。

毛沢東は、モスクワ大学でこんな演説をしてみせた。

「この世界には2つの風が吹いている。東風と西風だ。中国には、東風が西風を圧倒しなければ、西風が東風を圧倒するという格言があるが、今日の国際情勢は、まさに東風が西風を圧倒している。つまり、資本主義勢力に対して、社会主義勢力は圧倒的優位に立っているということだ」（以下、「」内で示した毛沢東の演説については、中川治子訳、フランク・ディケーター『毛沢東の大飢饉《ききん》』より引用）

また、モスクワの共産党サミットに集まった共産圏の首脳らを前にして、共産国家を代表する存在のフルシチョフを差し置き、毛沢東はゲリラ戦を勝ち抜いた闘士として、自らの戦争観を披露した。

「戦争が始まれば、どれだけの人が死ぬか考えてみよう。地球上には27億の人間が暮らしており、その3分の1、いや多ければ半分が失われる可能性がある……私が言いたいのは、たとえ最悪のケースで半分死んだとしても、半分は生き残るということだ。しかし、帝国主義は抹殺され、この世界はすべて社会主義になるだろう。数年も経てば、人口は再び27億に達するはずだ」

国際会議の場で、臆面もなく世界の人口が半分死んでも構わない、という毛沢東の演説に、会場はしばらく重苦しい沈黙に包まれたという。対するフルシチョフは、スターリン主義との

決別を明確にした上で、自らの農業生産についての持論を展開し、
「男には、一気にスパートをかけて自分の限界を突破しなければならないときがある。その力は、スターリン主義者たちの圧力から農民を解き放つことによって生まれ、その結果、アメリカさえしのぐほどの経済力が生まれるだろう。人々が自分の力に気づいた時、奇跡が生まれるのだ」

そして、高らかにこう宣言した。

「同士諸君、わが国の計画立案者の試算では、これから15年のあいだに、ソ連はアメリカに追いつくどころか、アメリカの現在の主要生産物の生産量を上回ることになるだろう」

この発言に即座に反応したのが、毛沢東だった。建国してまだ10年にも満たず、餓死すれすれの生活を送る人民も少なくなかったこの頃、中国の国力はソ連に遠く及ばない。しかし、フルシチョフを小馬鹿にし、自分こそが共産圏の国々を率いるのにふさわしい、と自認していた毛沢東にとって、「15年以内にアメリカを凌駕する」という発言は、看過できるものではなかった。

「わが国の今年の鉄鋼生産高は520万トンだが、5年後には1000万から1500万トン、さらに5年後には2000万から2500万トンになり、次の5年には3000万から4000万トンに達するだろう。ほら吹きだと思われるかもしれないし、次の国際会議の席で、あまりにも主観的な数字だと批判されるかもしれない。だが、私は少なからぬ根拠に基づいて話しているのだ……フルシチョフ同志は、ソ連が15年以内にアメリカを追い抜くと告げた。私は、

中国も15年以内に、おそらくはイギリスに追いつき追い抜くと、自信を持って告げることができる」

この毛沢東の高らかな宣言をもって、中国国内で、「大躍進運動」の幕が切られた。最終的には5000万とも、6000万人ともいわれる餓死者を生む、〝死の行軍〟の始まりだった――。

それは服部が中学2年の夏だった。盛んにこんなスローガンが聞かれるようになった。「大いに意気込み、高い目標を目指す」、「風に乗り、波を砕く」、「15年でイギリスを追い抜く」。

ハルビン第三中学のどの教室にも、毛沢東の写真とともにスローガンが垂れ幕のように飾られ、授業が始まる前に、そのスローガンを声を揃えて唱和するようになった。毛沢東への個人崇拝は共産党の規約からは削られたが、街を歩けば至るところに、毛沢東の巨大な肖像画が飾られていた。

共産党への絶対的な服従が、授業とは別に徹底的に叩き込まれた。「その洗脳教育は、脳みそに中国共産党というシワを刻み込むようなものだった」と、服部は言う。

「しかしね、子供心にこれは怖いと思ったが、凄いとも思った。何しろ、ひとつひとつがゲリラ戦から編み出された、つまり必ず結果を伴うものなんですよ。このやり方で政治や経済をやられたら一溜《ひとた》まりもないと、中学生の自分は恐怖を覚えた」

服部は日本人でありながら、中国での二十数年間に叩き込まれた毛沢東思想、中国共産党の思想が、自分の行動様式に染み付いていること、また知らず知らずのうちにそうした思考から行動している事に気づいて、愕然《がくぜん》としたことが少なからずあったという。

例えば、トヨタの「豪亜部」で、タイや韓国を担当していた時代のことだ。トヨタの現地の社員は、服部の行動にいつも首を捻っていたという。なぜなら、服部が盛んにライバル会社の幹部と、それも1社や2社ではなく、盛んに飲食をともにして、親密な関係を作り上げていたからだった。トヨタの現地法人の社員はみな、訝《いぶか》って聞くのだった。

「服部さん、あの連中と何をやってるんですか」

服部にとっては、当たり前の情報収集だったが、改めて聞かれ思い当たったのが、毛沢東思想の教育で叩き込まれた、

「敵とまず交われ。交わらねば敵の情報は得られない」

という教えだった。

2001年、第1章で書いた通り、服部は中国総代表として再び中国大陸の地を踏んだが、この時は、トヨタの窮状の情報を、あえて複数の会社に流すことでライバル会社同士を牽制し、トヨタにとって有利な条件を引き出した。

これも服部によれば、ある意味、毛沢東教育の成果かもしれないという。戦前、共産党を結党したものの、国民党との内戦、また日本軍と戦うには、農民主体の共産党軍はお粗末過ぎた。毛沢東が考えたのは、自らのお粗末な軍隊を温存し、敵である国民党軍と日本軍とを戦わせ、

消耗させることだった。そのために、毛沢東はあらゆる偽情報を流し、時には両軍と手を結ぶ素振りをしながら、両陣営を攪乱《かくらん》した。その戦術と思考が、服部に自然と染みついていた。服部だけでなく、中国の民は、毛沢東という男の権力闘争に巻き込まれ、桎梏《しっこく》の時を過ごさねばならなかった。筆舌に尽くしがたい苦難の始まりだった。

1958年、毛沢東が邁進《まいしん》し始めた「大躍進運動」。この大躍進運動から文化大革命の終了、毛沢東の死までに、およそ8000万人近い人民が、餓死、拷問などで死んだとされる。

毛沢東が大号令をかけた大躍進運動は、最初は、大規模な水利建設運動から始まった。その象徴となったのが、北京市郊外の「十三陵ダム」だった。まず人民解放軍の兵士たちが投入された。彼らは銃の代わりに、ツルハシやスコップを持たされ、昼夜を問わず広大な土地を掘り起こし続けた。近代的な重機はなかった。もっぱらスコップやツルハシで掘り起こされた土塊《つちくれ》を、モッコで担いで運んだ。まさに人海戦術だった。人民解放軍の兵士に続いて学生が、さらに周辺地域の農民も集められた。巨大な貯水池建設現場を空から眺めれば、広大に広がる乾いた大地に、無数の蟻《あり》が這《は》い回っているように見えたはずだ。

そうした光景が雨であろうが、炎天下であろうが、終わることなく続いた。夜には松明《たいまつ》が現場のあちこちに立てられた。その光を頼りに、兵士や学生や農民たちは、ただ土を掘り起こした。

「三年の厳しい労働が一万年の幸福を約束する」

こんなスローガンが書かれた横断幕が、労働者たちを睥睨《へいげい》した。休むことが許されない軍隊式の労働に、人々は疲弊していった。彼らの安息所は粗末なテントであり、納屋のような安普請だった。

今から考えると本当に恐ろしいことだが、作業の進捗度は掘り出され運ばれた土や土塊の量で測られた。全く根拠のない、非科学的な成果判断だったが、かき集められた労働者たちは、むやみに土を掘り起こした。およそ3カ月後、膨大な労働力を費やした巨大な貯水池は完成したが、いざ水を入れると、科学的な計算や設計がなされていない、ただの大きな池は、水漏れを始めた。いくら流し込んでも、水は貯まらなかった。海外から土壌を固定化する専門家が招かれ、1970年に貯水池の湖底を固め、体裁は整えた。毛沢東を招いて賑々《にぎにぎ》しい完成式も行われたが、十数年後、結局貯水池は干上がってしまう。

各省の幹部は功を競うようにして、水利事業を推進した。ふんだんに土木作業員がいるわけではなく、ここでも作業の担い手は農民たちだった。最初のうちは農閑期に農民を土木作業に動員していたが、毛沢東の「目標を実現させよう」、「一日も早く共産主義を実現しよう」という叫びが地方に届くと、地方の共産党幹部はいてもたってもいられなくなり、なりふり構わず、農民を現場に送り込むようになっていった。

拒めば、一方的に〝左派分子〟〝反動勢力〟のレッテルを貼られ、過酷な拷問が待っていた。共産党は、こうして農民から鍬《くわ》を取り上げていった。目標が達成できない時に我が身に起こる〝災難〟を考えれば、農村部の荒廃など、党幹部が構っている場合ではなかった。

毛沢東の大号令は、服部が通う、ハルビン第三中学にもやってきた。「義務労働」という〝奉仕〟が始まったのだ。当初は週の内、2、3日が、義務労働に当てられた。全国的に行われる水利開発に、服部たち学生も駆り出されたのである。

ハルビン第三中学の生徒は、隊列を組んで、学校からハルビンの母とも呼ばれる大河、スンガリーに向かった。大河スンガリーの護岸工事が、服部たちに割り当てられた作業だった。護岸工事といっても、スンガリーの岸辺を掘り起こしては、そこを大きなヘラのようなもので、ペタペタと固めるだけのものだった。

現在のスンガリーに架かる「スンガリー大橋」のたもとに、洪水防止の記念堂が建っているが、この記念堂も、学生の義務労働によって建築されたものだった。服部は、セメントを作るために必要な砂利を、モッコで担いで何度も何度も往復して運んだという。痩せて小柄だった服部だけに、この義務労働は身体に応えた。

服部が重苦しい義務労働に駆り出されていた頃、毛沢東は、さらに大躍進を実現させるための、新たな計画を実施しようとしていた。それは中国全土で駆り出されている、兵士、農民、学生……、そう、すべての中国人民にユートピアを与えよう、という壮大な試みだった。

前述の通り、農民は鍬を捨てさせられ、大量の土木作業に動員されていた。この大量に動員された農民らを交えて、「人民公社」が設立されたのである。「人民公社」こそが、毛沢東が描く共産主義のユートピアであり、すべての人民に無料で食料を供給する、夢へのかけ橋だった。

「もしわれわれがただで食糧を供給できれば、これは偉大なる変革となるだろう。おそらく10年後ぐらいに、生活物資は溢れかえり、道徳水準も高まるだろう。われわれは、食糧、衣服、住居から共産主義を開始する。共同食堂、無料の食事、これぞ共産主義だ！」

これは、毛沢東が1958年に述べた言葉だ。この年の夏、中国共産党の幹部らが静養に訪れる高級リゾート地、「北戴河《ほくたいが》」（河北省《かほく》）で、毛沢東は輝かしい中国共産主義の未来を語っていた。ただし、ユートピアとされた人民公社は、軍隊式に運営されたので、日々の暮らしも軍隊式に統制されていった。

毛沢東が、「誰もが一兵卒」と言えば、その言葉を忠実に実行しようとする地方幹部によって、人民公社に集められた農民らは、さながら民兵のように扱われ、過酷な労働だけではなく、昼夜を問わない思想教育も施された。疲労で朦朧《もうろう》とすれば、容赦のない暴力が待っていた。

夜明けには、全国の人民公社で起床を知らせる軍隊ラッパが鳴り響いた。農民らは、重労働で鉛のようになっている身体を起こす。向かうのは、人民公社の共同食堂だ。毛沢東は、「ただで食事を供給できれば、これは偉大なる変革」と自画自賛したが、その食事は、満足とはほど遠いものだった。人民公社ができたての頃は、たまには米が提供され、日常的に与えられていたトウモロコシにしろ、高粱にしろ粟《あわ》にしろ、まだ〝形〟があった。それが数年もたたずして、固形物の形は失せ、ほとんど液体状にまで薄められた、〝食事らしきもの〟になっていた。

名ばかりの朝食を終えると、農民たちは、急き立てられるように軍隊式の行進をし、ある一隊は土木作業現場、ある一隊は農業へと駆り立てられていった。兵士は厳しく目を光らせていた。中国全土が収容所のようになっていった。

作業の現場では、拡声器から大音量でスローガンが読み上げられた。

「毛沢東同志の思想を実現させよう」「理想の共産主義国家を建設しよう」

そして最後はいつも、毛沢東の言葉で締めくくられた。

「誰もが一兵卒だ」

人民公社ができる前は、農民たちは先祖伝来の農地で、先祖が培ってきたやり方で土地土地に合った農業を営み、収入も得ていた。

ところが、毛沢東の言葉だとして、地方の共産党幹部からお達しが降ってきた。

これからは、共に同じ目標に向かって共に働くのだから、それぞれが持っている家屋は没収する。家屋だけでなく、わずかな持ち物、それこそ家畜や飼っている犬や猫までもが、没収の対象とされた。

農民たちは家畜を殺して、家族で貪《むさぼ》り食べた。没収されるくらいならば、自分で、家族で食べるというわけだ。犬や猫も、家族の胃袋に収まった。

ある地方では農民の排便までも、「クソも共産党のものだ。共同管理して、肥料にする」と宣言する共産党幹部が現れ、真剣に〝糞《くそ》の没収〟、排便の共同管理も検討された。

――人民公社は農民、労働者たちに、共同の食事を提供する素晴らしい組織で、スターリンやフルシチョフでもなしえなかった、共産主義の理想の具現化だ。人民公社は共同の宿泊施設を提供する。人民公社は子供のために保育園を用意する。人民公社は老人のために老人施設を用意する。人民公社で働けば、貧富の差がなく一律の賃金をもらえる……。

共産党の幹部は、農民や労働者がヘトヘトになって働くなか、拡声器でこう叫び続けた。

しかし——。現実は180度異なっていた。

共同住宅を建てるという名目のために、農民たちが先祖から守ってきた家が次々と壊されていった。家族らが「やめてくれ」と泣き叫ぶと、地方の共産党幹部は、「富に目がくらんだ〝豊農〟だ。お前たちは共産党の敵だ」と罵り、兵士らに家を破壊させた。

豊かな農民の家だけが、対象とされたわけではなかった。貧農の藁《わら》で作られたような家も、人民公社の共同住宅建設のために、火をつけられ燃やされた。

農民たちは家を失い、財産を失い、そして希望も失った。

人民公社が提供してくれるはずの共同住宅はなかなか建設されず、路上の生活を強いられる農民が何百万人と現れた。運良く共同住宅に入れても、寝床の隣では、共同飼育の豚が飼われているようなありさまだった。

人民公社の〝売り〟であるはずの共同食堂も、悲惨な状況だった。わずかとはいえ好きなものを食べていた農民にとって、押しつけの強制的な食事しか出ない共同食堂は、忌避したい対象だった。しかし、そうして共同食堂での食事を避けていた農民らは、反動勢力、ブルジョア農民と呼ばれ、糾弾された。一軒一軒、農家が潰され、その農家の家畜や蓄えが共同食堂に没収されると、農民たちは貪るように没収品を平らげた。まさにタコが自らの足を食べることと同じ行為だったが、わかっていても農民らはどうすることもできなかった。

当然のことだが、以前に住んでいた先祖伝来の家の方が、はるかに良かった。安心できる環境であった。けれども不平不満は、〝反共産党分子〟のレッテルを貼られ、更に過酷な労働か拷問が待っていた。誰もが、口を噤んだ。

地方で農村が消えかかっていた頃、ハルビンという大都会に住んでいた服部たちの生活にも、また大きな変化がやってきた。それは〝鉄〟だった。

毛沢東は、ソビエトの上をいくことを示す工業化の指標は、鉄鋼の生産量であるという考えに取り憑かれる。そして、その手段として毛沢東が選んだのは、ソビエトのように農業を犠牲にした工業化ではなく、農村部に工業を持ち込むこと、つまり農村部を工業化することだった。これが達成できれば、中国の工業化は飛躍的に進み、ソビエトを凌駕《りょうが》することができる。毛沢東は、そう考えた。

かくして中国中を掘り起こした水利事業に取って代わるように、「製鉄」の熱狂が中国全土を包んだ。ハルビン第三中学に通う服部も、その巨大な渦に巻き込まれていった。

「よく覚えてるよ。本当によく覚えている。人民公社の中にたくさん、オモチャみたいな小型の製鉄所を作ってね……」

「製鉄所を作ったんですか?」

「いや、いや……」

服部はそうではないと、手を左右に振って否定した。

服部によれば、我々が想像する巨大な高炉《こうろ》ではなく、それこそ昔あった、薪《まき》を燃やすダルマ型のストーブをふた回りほど大きくした高炉が、雨後の筍《たけのこ》のようにできたという。服部が通うハルビン第三中学の校庭にも、いくつもの高炉が姿を見せた。

「今から考えれば、本当にバカバカしいことなんですよ、高炉をあんなに作って……。だけど、誰も共産党には逆らえない。嫌《いや》でも黙って従うしかない。そこが、共産党の怖いところなんですよ。本当に悪夢なんだよ。当時の僕にしたら、中国共産党は悪夢以外のなにものでもなかった」

服部の言う〝オモチャのような高炉〟とは、「土法《どほう》高炉」と呼ばれる構造の高炉だった。この高炉は、高炉と名はついているものの、耐火レンガと砂を混ぜ合わせて作られた粗末なものだった。あえて毛沢東は、近代的な技術を使った高炉ではなく、土着的な土法高炉を選択した。

全人民による製鉄・製鋼運動は、またたく間に全土に広がった。1958年7月までに、粗悪な高炉は全国でおよそ3万カ所に設置された。それが大号令がかかるや、わずか2カ月で、その数は60万へと拡大した。

土法式の高炉が採用されたのは、最も簡素で、素人でも作れるという理由からだった。現在残っている画像を見ても、粗末なものはドラム缶のような円柱型で、高さは身の丈ほどしかない。それが学校の校庭などに所狭しと並んでいる様は、アフリカの大地に見られる、群居する蟻塚のようだった。高炉の外壁を作る耐火レンガが不足していた地域では、砂と砂利を捏《こ》ねて炉を作り上げていた。

砕いた鉄鉱石、そこに石炭石などを混ぜたものを、高炉の上部から入れる。原材料を溶かす燃料はコークスだった。燃えたコークスに、空気を送り込む空気口が高炉の下にあり、ハルビン第三中学の校庭に並べられた高炉では、生徒が人力の扇風機を回し続けた。これは重労働だったので、生徒たちは交代交代で空気を送り続けた。鉄鉱石やコークスは2人1組になって、モッコで担いで高炉まで運んだ。校庭の往復を、何度となく繰り返した。

高炉の下にある排出口から、銑鉄《せんてつ》が流れ出てくれば良しだったが、中々そう上手くは行かなかった。鉄の専門家などいないのだ。銑鉄が出てこない高炉に業を煮やして生徒たちが蹴飛ばすと、中から銑鉄らしき赤い塊が転がり出た。

生徒たちは口々に、

「鉄の子供」「鉄の子供」

と囃し立てたものだった。中には高炉が粗悪なために、蹴った拍子に穴が空いたり、崩れたりすることもあった。それほどお粗末なものだった。

「なぜ鉄を作るのか？　素人の我々が、なぜこんなことをしなければいけないのか、まったく理解できなかった。そして、ちょうどこの頃、毛沢東がさかんにソビエトを非難するようになった」

と、服部は振り返った。

ここで、中国をとりまく当時の世界情勢について、整理しておきたい。1958年8月から、人民解放軍は、中国本土にごく近い台湾海峡に浮かぶ小さな2つの島、金門島《きんもんとう》と馬祖島《ばそとう》に砲撃を加え始めた。台湾侵攻を目的としたものだった。

中華民国の総統、蔣介石は、「米華相互防衛条約」に基づいた支援を米国に求める。米国大統領、アイゼンハワーは、直ちに太平洋に展開する第7艦隊所属の空母7隻を派遣。一気に共産圏との緊張は高まった。

金門・馬祖への攻撃に当惑したのは、ソ連のフルシチョフだった。フルシチョフは、米国と中国との間で戦端が開かれることを懸念し、毛沢東に伝えた。もしそうなった場合は、約束していた核兵器の供与、軍事援助の履行はできないと通告する。これに毛沢東は激怒し、「帝国主義への敗北」だとフルシチョフを罵ったが、最終的には台湾本土への侵攻は思い止《とど》まった。

続いて、中国とインドとの間にも緊張が走る。発端は、1959年に起きた「チベット蜂起」だった。チベットの共産主義化に抵抗して、ラマ僧たちが蜂起。人民解放軍は、数万の兵士を派遣して徹底的に弾圧、鎮圧した。この間、チベット仏教の指導者、ダライ・ラマ14世はインドへ亡命し、亡命先でチベット臨時政府の樹立を発表する。中国政府はただちにそれを否定し、インド政府にダライ・ラマ14世の身柄の返還を要求するも、インドにはねつけられたばかりか、インドは政府の発表として、チベットの民衆支持を明らかにする。加えてソビエトまでもが、インド政府の発表を支持すると旗幟《きし》を鮮明にした。

金門島、馬祖島への砲撃が招いた米国との緊張関係は、ソビエトの離反を促すばかりか、中国を国際的な孤立に追いやった。

ソビエトの経済的な援助を受けていた毛沢東は、国際的な発言力、影響力を強化するために、〝ソビエトの援助を受けている二流国〟という評価を、是が非でも覆したかった。何よりも経済的な自立が必要で、そのためには、工業化を進めなければならなかった。かくして始まったのが、製鉄によって工業化を促さんとする「大躍進運動」だった。

少し考えれば、滑稽でしかありえない。金属工学の専門家が作るわけではなく、素人が粗末なレンガや、砂や砂利を固めてこしらえた高炉を、重工業を発展させる礎にする。その力で、当時、世界第2位の生産力を持つ英国を凌駕する、大国になる。

オモチャの高炉で世界の工業国へ――。こんな茶番を、当時の指導者たちは本当に信じていたのだろうか。しかし中国という国家は、結果として4500万人とも2000万人ともいわれるほどの、人類史に残る餓死者を出しながら、この茶番劇をやり続けたのだ。

毛沢東が叫び、側近らが同意し、地方の幹部が功を競うようにして、農民を追い立てていった。なぜ、こんなことが可能だったのか。

「本当にね、今でも思い出すよ。オモチャみたいな高炉がいっぱい出来て……。人民公社から人がやってきた。僕らも駆り出されて、作ったオモチャの上から鉄鉱石の砕いたものを入れて……、2人1組になってモッコで何度となく運び、人力の扇風機を、同級生たちが交代で回し続けるんだよ。満足にご飯も食べてないから、お腹が空《す》いて、空いて……」

「服部さん、この鉄の生産で英国を抜くとか、真剣にそうしたいのならば、もっと妥当な方法があったような気がします。ふざけた話じゃないですか？」

服部は直接答えず、いつもの上目遣いで、ちらっとこちらを見て続けた。

「妹や弟と会った時も笑い話になったんだが、児玉さんは、知らなかったかな、雀の話は」

服部が教えてくれたのは、中国共産党の「雀撲滅運動」についてだった。

「えっ、雀ですか？」

「そう、雀。可哀相だったけれど、雀を駆除したんだよ。雀は休むために地上に降りてくるでしょう？　それを降りさせないようにカンカン音を立てて、また空中に舞い上がらせるんだよ。中華人民共和国の全人民を挙げてね」

服部は両手を広げて、パタパタ鳥の羽ばたきを真似《まね》てみせた。

中国共産党は、独裁制とそれを支える圧倒的な暴力によって、数々の信じられないような愚行を繰り返してきた。専門家が不在のまま、全土で数千万人を動員させた水利事業。毛沢東が高らかに宣言した製鉄増産。全国に60万以上誕生した高炉はオモチャのようなお粗末なものばかりで、作り出される鉄の品質がどれほどのものか、容易に予想できたはずだ。しかし毛沢東は、素人が作る〝鉄〟の力で、世界第2位の工業国、英国を追い越すと、世界に宣言していたのである。

果たして毛沢東は知っていたのだろうか。ノルマを達成できない地方の幹部らが、粗悪な〝鉄らしきもの〟しか生まれない高炉に業を煮やし、高い金で購入した鉄製品を、生産物と偽って報告していたことを。

鉄鋼石が不足してくると、農民たちの家庭で使う釜や鍋を供出させ、それを原材料として強度の足りない粗悪品を生産していた。農民から鍬や鋤《すき》まで奪い、農業そのものを営めなくしてしまうこともあった。こんな茶番劇が、中国全土で起きていた。

服部が教えてくれた「雀撲滅運動」も、これらとまったく同じ文脈で起こった一大茶番劇だった。

大躍進を宣言した毛沢東は、その一方で、「四害駆除運動」という奇妙な衛生キャンペーンを始めた。

「四害」とは、〝ネズミ〟〝ハエ〟〝蚊〟〝雀〟の4つの害虫を指す。共産党の命令によって、この4つを中国全土から駆除する、一大キャンペーンが行われたのだ。特に、雀に関しては、「鳥」は資本主義の象徴とされていたので、一段と目の敵にされた。

決められた曜日に、市民、学生、農民らが、手に手に鍋や薬缶《やかん》、フライパンなど音が出るものを持ち、雀が木々の枝に止まり羽を休めるやいなや、それを見計らって一斉に音を鳴らし、雀たちを空中に追いやるのだった。街には人民解放軍も動員された。こうしたことを繰り返し、疲れ果てて地上に落ちてきた雀を拾い集めては、その数を競った。多数の雀を駆除した者には、報奨も与えられた。

中国全土で繰り広げられた駆除運動によって、雀の個体数は激減した。ところが、思わぬ悲劇が中国を襲う。

農産物に付く害虫を食べていた雀が激減したことによって、生態系のバランスが崩れてしまったのだ。天敵のいなくなったイナゴやバッタが異常発生し、農産物を食い荒らし、中国は未曾有の大凶作に見舞われてしまう。

大躍進による農村の疲弊と相まって、中国全土は飢餓大陸となった。

雀の駆除によって生まれた大凶作に驚いた毛沢東は、一転、方針を改める。雀撲滅運動を停止し、害虫を食べる雀は「益鳥」と〝名誉回復〟され、代わって撲滅の対象となったのは、「トコジラミ」だった。この雀撲滅運動には、こんなオチまでついた。害虫を食べていた雀の絶対数の減少は農業危機を招く、とした毛沢東は、ソビエトに頭を下げ、雀25万羽を輸入させてもらうのだった。毛沢東が中国共産党のトップに君臨していた時代、こうした狂気と茶番が何度も繰り返された。

「止めどない狂気ですね。ここまで来るともう狂っているとしかいいようがない。しかし中国人も、その狂気に黙って従うんですね？　不思議で仕方がない」

筆者の素直な感想だった。2000年代に驚異的な経済発展を遂げ、その影響力を背景に世界経済を席巻する中国。日本がかつて、経済力で世界に飛び出していった時に様々な摩擦を起こしたように、中国の世界進出でもあらゆる場面で軋《きし》みを生み、中国への批判を生んだ。

こうした批判の中で最もよく聞かれたのが、中国人の我の強さ、自己主張の強さであった。わがままにしか映らぬようなことでも、中国人は自説を曲げようとしない。中国流のやり方を変えようとはしない。

この中国人の自己主張の強さをまざまざと感じる今から見ると、大躍進や雀駆除を命じた愚かな政府に、我の強い中国人がなぜ、ここまで盲目的に従順であったのか、違和感を持たざるをえない。

服部は、右手に焼酎の水割りが入ったグラスを握ったまま、筆者の感想にじっと耳を傾けていた。

「児玉さんね、児玉さんも中国の歴史を勉強したと思うけれど、どんなに酷い帝王だろうと民は従うんですよ、生き残るために。中国人は従うのよ、児玉さん。這いつくばってでも生きようとするのよ」

服部の言葉には、生き延びてきた者だけが持つ、生々しい説得力があった。

服部と初対面の時に、自ら箸袋に書き教えてくれた「好死不如懶活」——。

「以前に教えてくれた言葉ですね？　きれいに死ぬよりも、惨めに生きたほうがまし……」

「そうだよ、児玉さん。中国人はどんな境涯になってもね、生きようとするんだよ。僕だって、今思い出しても泣きたくなるような生活だったんだよ」

服部の表情が、わずかに崩れそうになっていた。少しの沈黙の後、「好死不如懶活」と、中国語の発音をしてみせた。

「これが中国人なんだよ。今でも多くの中国人が、共産党のことは嫌っているよ。好きじゃないさ。けれども、飯を食わせてくれているのも共産党だよ。日本でもあるでしょう？　ほら、ヤクザにお金を払って守ってもらうって」

打って変わって服部は、いいことを思いついたかのように笑顔を見せた。

「それってミカジメ料って言うんですよ」

「そうそう、それだよ。ミカジメ料だって背後にあるのは暴力でしょう？　共産党も暴力装置だからこそ、国を治めていられるんだよ」

服部は焼酎を口に含み、頷いた。

第4章

零下20度の掘っ建て小屋

２０１２年、毛沢東の「大躍進運動」が終結してちょうど50年目にあたるこの年、香港で、大躍進運動を検証する書籍が出版された。

『大飢饉の時代１９５８～１９６２年』（"The Great Famine In China, 1958-1962"）。

編者である歴史学者の周遜《ジョウシュン》（香港大学助教授）は、２０１２年10月30日、米ニューヨークにあるテレビ局「新唐人テレビ」の取材に応じて、こんな衝撃的な言葉を伝えている。

「河南省や安徽《あんき》省で、人が（亡くなった）人を食べることが行われていた。中には、亡くなった自分の子供を食べていた例もありました」

四川省で生まれ、留学先の英国でユダヤ人の歴史を研究してきた周は、

「ナチスドイツによるユダヤ人の大虐殺は、世界中誰でも知っています。けれども、中国で起きた、人類史に刻まれるようなこの大飢饉のことは、ほとんど知られていません」

周は、自らこの本を編集した動機として、

「歴史を扱う者として、この大飢饉、中国共産党が今も触れたがらず、歴史の闇の中に葬り去

ろうとしているこの大事件を後世に伝えることは、歴史学者である自分の責務だと考えている」

と述べた。周が指導を受けたオランダ人の歴史学者、フランク・ディケーター（香港大学人文学院講座教授）は、前述の著書『毛沢東の大飢饉　史上最も悲惨で破壊的な人災1958―1962』（草思社）の中で、大躍進運動による餓死者をおよそ7000万人としている。当時の中国の人口は約5億5000万人とされており、実に8人に1人が餓死した計算になる。周は、ディケーター教授の半分の見積もりで、およそ4500万人が餓死したと推定したが、それでも12～13人に1人が餓死した計算で、いずれにせよ、尋常ではない数の餓死者が中国全土を覆ったことになる。

服部は、その中を生き残ってきた。

「飢餓と一口に言うけれど、僕はね、今でも食べ物がない夢を見るんだよ」

服部は、目の前に並ぶ鍋や刺し身など、ふんだんな料理を見回しながら、

「こんなに、食べ切れないほどの料理に囲まれ、飲みたいだけ酒があるにもかかわらず……、今でも夢に見るんだよ、食べ物がない夢を」

服部の飢えは、中学時代から始まった。

学校に持ってきていた、昼の弁当がなくなった。服部は、弁当がなくなったことについて、母に文句を言うことはなかった。子供心にどういう状況なのか理解していた。

まず配給の量が少なくなっていった。いつの間にか、配給から米が姿を消した。高粱、粟、トウモロコシも減っていった。高粱、粟、トウモロコシのお粥《かゆ》が毎日続いたが、それも日に日に薄くなっていった。固形物を見つけるのも容易でなくなった。この頃はまだ、白菜や大根の漬物がかろうじてあったので、漬物を主食のように食べた。塩辛い漬物は、腎臓を蝕《むしば》んだ。

ハルビンは大都会であったが、人民公社が存在した。地域の共産党は、しきりに人民公社にできた共同食堂で食事をすることを強制したが、人民公社の食堂は不人気だった。

大躍進運動の最中、害鳥として駆除されたという雀は、中国人の大切なタンパク源だった。ゆえに、駆除した地域の共産党に、すべて届けなければならなかった。成績が優秀ならば、共産党からわずかながら報奨金がもたらされたが、多くの人民はわずかな金よりも、いかに採った雀を隠すかに腐心した。服部の家でも雀の白い羽を毟《むし》り取り、羽は目立たぬように釜で焼いた。羽を毟った雀は土中に埋めた。数日たって掘り起こすと、雀は腐っていたがそれでも湯がいて食べた。骨もスリコギで叩いて、食用にした。

飢餓は、人の心も蝕んだ。

「父親の量が多い」「ひとしずく余分に自分のお椀に入れた！」

ほとんど液体に近くなったスープでも、家族の中で誰それが多い、自分のが少ないと、あからさまに不平を口にするようになった。家族であっても、ほぼ液体のお粥の本当にわずかな量を巡って、諍《いさか》いが絶えなくなった。

「共産党の職場で、僕たちに隠れて何か食べてるに違いない」

父親が、家族の前で糾弾されることもしばしばあり、その時の母の顔は鬼のようだった。飢餓は、人間を鬼に変えてしまった。

周囲でまだ家畜が飼われていた頃、服部はその家畜の餌を盗もうとして、家畜に騒がれ逃げ帰ったこともあった。服部の友人は、食料を求めて地方に買い出しに出かけた。学校では体力を考慮し、体育の授業がなくなった。身体を動かす余力が残っている者は少なかった。

雀が姿を消した地方では、農民の目の前で作物が害虫に食べられていった。しかし、地方から北京の毛沢東に届く報告は、「豊作」というものだったので、毛沢東はそれを信じ、各地方に、豊作に見合った拠出量を割り当てた。地方の共産党幹部は、なけなしの食料を農民や人民から取り上げ、中央政府に送った。地方から食物が消えていった。

こうして中国全土が飢饉に見舞われるなか、服部にはまた別の試練が待ち受けていた。父親に、転勤の命令が下されたのだ。行き先は、黒竜江省の田舎町だった。

「ハルビンを離れたら、もう絶対に大学には行けないと思った。大学進学だけが僕の希望だった」

大躍進運動から引き起こされた苛烈な飢えや、民族的な差別に耐えてこられたのも、中国最高レベルといわれる北京大学や清華大学へ進学する夢を、諦めなかったからだ。

北京大学に通う自分の姿、清華大学の学生となった自分の姿、その夢想に服部はすがった。夢想しか生きる支えはなかった。それほどまでに、自分と家族を包み込む、中国の現実は過酷すぎた。

服部は、父親に土下座せんばかりに哀願した。

「大学に行くために、ハルビンに残りたい」

服部の懇願に、母親は泣いた。こんな満足な食事さえない時に、子供一人を置いてハルビンを離れられない、と。母の涙に心は揺らいだが、それ以上に服部は大学に進学したかった。大学にさえ行ければ、自分の未来は開かれてゆく。大学に進学できれば、〝日本人〟として今まで受けた屈辱や恥辱、また自分を差別し、ツバを吐きかけてきた中国人のことも、すべて許してもいい――。服部はそこまで思い詰めていた。

服部にとって、学業で図抜けた成績を取ることは、日本人というハンデを覆す唯一の術だった。だから、服部は強制労働の疲労があろうとも、眠気に襲われると家の柱に頭を打ち付けて睡魔を払い、勉強を続けた。ハルビン第三中学では、試験の度に、成績優秀者として服部の名前が貼り出された。

「フーブー（服部）は頭がいい」、これは中学の先生や生徒たちの共通の認識だった。それゆえ、服部はどこか優秀な大学、北京大学や清華大学のような〝重点大学〟、またはハルビンにできた人民解放軍軍事工程学院に行くのだろう、と思われていたし、服部もそのつもりだった。

そこに青天《せいてん》の霹靂《へきれき》のように降ってきたのが、父への転勤命令だった。

服部は中学の先生に相談し、その先生の指示で地区の共産党本部にも相談した。面談に応じてくれた地区共産党の幹部は、鶴のように痩せていた。もっともこの当時、太っている中国人を見つけるのは、容易ではなかったのだが……。

その幹部は開口一番、服部にこう問い質《ただ》した。

「君は日本人だね?」

服部はこの〝日本人〟という言葉を聞くや、身体がこわばってしまったのを今も覚えている。

「日本人だね?」と言った共産党幹部の声の調子、その時の表情、身体が固まっていく感覚。思い出すたびに心の中に苦い思いが広がる。人間の記憶はどうしようもなく、その個人を支配し続ける。

「日本人だね?」

服部は、「はい」と答えるしかなかった。

「でも成績は一番だ」

こう言ってかすかに微笑《ほほえ》んだ。その笑みに、服部は救われた思いがした。学業でのずば抜けた成績が、自分の願いを叶えさせてくれるかもしれない——。

「君の父は日本人だが、我々の〝国際友人〟として共産党のために働いている。君や君の父は我々の同志だが、日本国がアメリカ帝国主義に追随しているのは、断じて許されない」

繰り返すが、戦後中国に留まり、中国共産党に雇用され働いた日本人を、日本側は〝留用者〟と呼び、それに対し中国は〝国際友人〟と呼んだ。話が一段落すると、地区共産党の幹部は、日本を非難し始めた。

戦後、国民党の戦いに勝利し、毛沢東が高らかに中華人民共和国の建国を宣言したのは1949年10月1日。アジアに誕生した巨大な共産主義国家と日本は、長らく国交を持たなかった。日中国交のとば口を開いたのは、1949年（昭和24年）の中日貿易促進協会の発足だった。中華人民共和国が誕生する前のことだ。1952年には、中国の中国国際貿易促進委員会との間に、第1次日中民間貿易協定が結ばれ、翌年には、第2次日中民間貿易協定、そして第3次のそれが結ばれたのは1953年。このように、日中の間口は段階を経て開いていった。

しかし、1957年（昭和32年）、元A級戦犯の岸信介が首相になると、日中間の融和ムードは一転、険悪な雰囲気となる。

記者会見で、元首相の鳩山一郎が実現した日ソ国交正常化に続いて、中国との国交正常化という気運があるが、と問われると、岸は即答する。

「毛頭持っておりません」

そして、こう続けた。

「（日ソ国交正常化によって）従来の自由陣営の立場を捨てるわけではない。共産圏と国交を正常化するということは、中立政策に変わったとか、あるいはソ連に接近するということではない。あくまで、日本は自由陣営で在り続ける」

1957年（昭和32年）7月25日。日本から訪中した民間放送の代表団や共同通信、朝日新聞らの特派員は、周恩来総理との懇談に臨んだ。

周恩来の語り口は穏やかだったが、言葉の内容は厳しく岸を批判していた。まず周恩来が問題にしたのは、岸が首相になるや、すぐに行った東南アジア歴訪だった。特に、従来の日本の首相が控えていた台湾、つまり中華民国訪問をやり玉に挙げた。

周恩来は「6月4日の朝日新聞によれば」と引用であることを断った上で、岸が中華民国総統、蔣介石に対して、

「大陸（中華人民共和国の意味）を回復できるとすれば、私としては非常に結構であると思う」

と発言したことを捉え、こう断じた。

「このことは、6億の中国人民を公然と敵視していることのあらわれである」

岸の〝親米反共〟の姿勢は、様々な局面で中国共産党の感情を逆撫《さかな》でしていた。勢い、日本に対する中国共産党の姿勢は厳しいものになっていった。こうして服部には与《あずか》り知らぬところで、国際政治が服部の将来の選択に暗い影を落としていた。

しかし結局、日本政府を口を極めて罵った地区共産党幹部は、服部がひとりでハルビンに留まることを許してくれた。服部は嬉しかった。〝日本人〟と言われた時に閉まりかかった未来の扉は、閉じることはなかった。

母はまた泣いた。兄2人はすでに亡くなっていたが、服部の家には、服部の下に5人の弟妹がいた。母が服部とともに残り、服部の世話をすることはできなかった。

父たちが出発する日、服部は家族を見送りにハルビン駅に行った。母は泣き、弟、妹たちも泣いていた。父ひとりが涙をみせることはなかった。父は、仕送りをするから頑張れと励まし

てくれた。頑張れば、お前の成績ならば北京（大学）でも清華（大学）でも行ける――。そして、わずかに悲しそうな顔をした。口にはしなかったが、父の転勤は、日本人であることが災いしての地方への配置転換だった。父がそのことで不平を口にすることはなかった。中国人でもないのに、父の口癖は、中国は理想国家を築いた、というものだった。我々が住んでいるのは、理想の国家なのだと。あまりに何度も言うから、口数が極端に少なく父に口ごたえなどしたこともなかった母が、ぽつんと一言漏らした。

「こんなに人を飢えさせるのが理想国家なの？」

父は黙っていた。

中国は理想国家だと言っていた父は、〝問題民族〟とされ、地方に飛ばされた。父は黙って、地方に落ちていった。

列車の姿が見えなくなった。かすかに涙が滲《にじ》んだ。ホームに残されたのは服部ひとりだった。意を決して服部は、ハルビン駅からトボトボと歩き始めた。父が見つけてくれた部屋は、ハルビン駅から近かった。

「惨めだな」

間もなく日本ならば高校2年生になろうとしていた服部は、これから自分が暮らすことになる粗末過ぎる小屋を見て、思わず呟いた。

父が探してきたのは、ハルビン駅にほど近い、トラックの集積基地のような駐車場に隣接する木造の小屋だった。広さは2畳ほどだろうか。かつては駐車場の管理人が、たまの寝泊まりに使っていたようだ。その掘っ建て小屋の横には、トラック運転手が利用する入浴施設のためのボイラーが設置されていた。

父が交渉した結果、高校卒業までここに〝無料〟で入れることになった。食事は、トラック運転手が使う食堂で食べられることになっていた。

16歳の少年が、ひとりで生きていく人生が、ここから始まった。

「今、思い出しても泣きたくなるよ……、日本のね、浮浪者のような生活ですよ……」

服部は、何かを堪えるかのように漏らした。

服部の命は、わずかな配給で支えられた。米や麵のようなものは一切配給されたことはなかった。こうした〝高級品〟が配給されるようになるには、あと数年待たなければならなかった。

毎回毎回、服部のもとに届けられるのは、わずかな高粱とトウモロコシだった。それを砕いてスープのようにして食べた。いつもこうしたものが食べ盛りの服部の食料だった。前述したように、体力を削る体育の授業はなく、その時間は〝生き延びる〟ための知恵を授ける授業へと変わっていた。今風に言えば、サバイバル術を教えるようなものだ。野生種の植物の「食べられるもの」「食べられないもの」の見分け方から、木の根をゆがく食べ方、果ては壁に塗り込められている藁を取り出して、どう食べればよいかまで……。こんなことが名門ハルビン第三中学の教壇で、教えられるようになってしまった。北京でも、上海でも事情は同じだった。都会はまだこの程度で済んだが、地方都市では共産党指導部の大失政と凶作とが重なり、地獄絵図が現実のものとなっていた。

服部の小屋での生活は過酷だった。服部のベッドは一枚の板だった。布団はペラペラで、粗末な毛布を何枚もかぶった。これでハルビンの冬をどうしたら越せるのだろうと、不安は募るばかりだった。粗末な椅子が一脚だけあった。ベッドにしている板の上の布団をずらすと、その板が服部の勉強机になった。

零下20度を超えるハルビンの真冬――。かつて家族が住んでいた官舎のようなオンドルがあるわけではなく、暖炉があるわけでもない。安普請の小屋で、隙間風が絶えず服部の身体を冷やした。小屋の横にあるボイラーのわずかな温もりで、かじかんだ手を擦っては温もりを取り戻そうとした。

「凍えて、凍えて……」

身体をエビのように丸めて寒さから身を守った。当然日中の授業は、激しい睡魔に襲われた。

――自分は、なぜこのような目に遭わなければならないのか。日本人の自分が、なぜ中国でこんなひどい目に遭うのか。

服部は眠れぬ夜を、自問自答して過ごした。

服部は、父を憎んだ。したり顔で、「中国は理想国家を作った」と嘯《うそぶ》く父を憎んだ。どこが理想国家なのか？　そして、服部は思わず声に出していた。

「日本に帰りたい」

服部は、まだ見ぬ祖国への思いを募らせた。この生き地獄のような環境から、抜け出したかった。

しかし、過酷な環境で生きなければならない服部を、励ましてくれる人たちもわずかながらいた。小屋に住み始めてしばらくした頃だ。トラックの運転手をしている初老の中国人が、人目を気にしながら服部に声をかけてきた。

「日本人だね？」

服部が頷くと、この初老の人物はニッコリとした。

「大変だな、ここでの生活は。頑張りなさいよ」

聞けば戦前、満州国幹部である日本人の運転手をしていたという。その幹部は運転手のことを、中国人だからと見下げるようなことはしなかった。

「毎日、ご主人さまは厳しかった。優しかったけれども仕事は厳しかった」

こう話してくれ、白い手袋を毎日していたこと、毎日車両点検をしていたことなどを懐かしそうに話した。

「お迎えする時は、こんな風にお辞儀をしていたんだよ」と腰を折って実演し、「この腰の角度が重要なんだよ」とユーモラスに教えてくれた。

「頑張って生きなさい」

こんな言葉を残して、運転手は去っていった。その後も何度か、服部のもとを訪れては、励ましてくれた。服部が生きているかどうか、安否の確認をしてくれていたのかもしれなかった。

「この人のことは、今もたまに夢に出るんですよ。本当に嬉しくて、嬉しくてね……」

ある日、小屋の中に下がっていた電球が切れた。電球は高級品だったが、勉強するために光は必要だった。父親から送られていたわずかな仕送りから工面し、地区の購買部に電球を買いに行った。けれども普通の電球はなく、仕方なく赤い色の電球を買って帰ってきた。小屋は赤い色で染まった。

「服部さん、やはり共産党ということで、赤い色だったんですかね？」

まったく他意のない一言だったのだが、服部の反応は激しかった。

「違うよ、児玉さん！」

服部は両手でテーブルをバンッと叩き、厳しい口調で言った。居酒屋の何人かの客が、こちらに視線を向けた。

「児玉さん、そんな話じゃないんだよ。必死に生きるためだったんだよ。そんな電球しかなかったんだよ。それで必死に（勉強を）やるしかなかったんだよ……、共産党なんか関係ないんだよ。僕は生きるために必死だったんだよ……」

服部は何かに怒っていた。目の前にいる軽率な発言をした筆者ではなく、その相手は、自らが背負わねばならなかった運命に対してだったのか、あるいは、忍耐のみを強いられ続けた人生そのものに対してだったのか。服部は自分でも始末に負えないなにかに突き動かされ、身の置き所が見つからぬようだった。

「児玉さん……」

落ち着きを取り戻した服部の目には、かすかに涙が滲んでいた。

「児玉さん、僕はね、今まで親やきょうだいにも話したことのないことを今ね、あなたに話したんです。……悪夢だったんですよ」

そして、

「今日はもう話せそうもない。ごめんなさい」

と言って、その日の取材は終わった。

1962年（昭和37年）、ハルビン第三中学校から、北京大学に1名、清華大学に2名が合格した。だが、そこに服部の名前はなかった。服部がその希望を頼りに生きてきた、北京大学、清華大学への進学は叶わなかった。

服部が進学したのは、北京大学や清華大学のような超一流校ではない、「東北林学院（現・東北林業大学）」だった。服部は受験の直前まで、1952年に設立されたこの大学の存在さえ知らなかったという。中国の受験は当時から、全国規模で行われる統一試験の結果によって左右される。当然、服部も統一試験を受け、好成績を収めていた。にもかかわらず、服部の願いは叶わなかった。東北林学院が選ばれたのは、恐らく服部の父が林業の専門家だったからだろう。

受験が近づくなか、服部はある動きがあることに気づいていた。多くの学友、クラスメイトが、続々と〝団員〟になっていったのだ。

団員の正式名称は、「共産主義青年団（共青団）」。14歳から28歳までの若者に所属することが許される、中国共産党の下部組織である。共青団に入って、後に共産党に入党するのが、この頃からすでにエリートコースとされていた。そして、この共青団の下部組織で、7歳から14歳までの少年少女が所属するのが、「中国少年先鋒隊」である。赤いネッカチーフ「紅領巾」は、先鋒隊のシンボルだった。

前述したように、黒竜江省伊春市の育林小学校に通っていた服部は、紅領巾に憧れ、「自分もあのネッカチーフを巻きたい」と先生に願い出たことがあった。けれども、その願いは、服部が日本人であるという理由から、叶えられることはなかった。

ハルビン第三中学で、今まで共産党に見向きもしなかった者たちが、大学受験の前に、駆け込むように共青団に入団したということは、大学入試が、統一試験の純然たる成績だけで決められていたのではない、という証左だった。

事実、統一試験以外の要素として重要視されていたのが、「政治審査」と呼ばれるものだった。受験生の考えが、中国共産党のイデオロギーに一致しているかどうかが試されるものだが、これはあくまでも表向きであって、政治審査の真の目的は、〝出自〟を洗い出すことにあった。

共産主義という政治体制を取りながら、中国は出身階級、出自によって、差別、区別を受ける〝差別社会〟なのである。後年、文化大革命の嵐が吹き荒れた時代には、人民はそれぞれの出身階級によって、〝紅五類〟や〝黒五類〟などと、峻別《しゅんべつ》された。

服部の場合は、父は共産党に協力したとはいえ、かつての敵国であり、アメリカ帝国主義に追随する日本の国民。服部は明らかに〝悪質分子〟であり、〝右派家庭〟の子供なのである。

本来、出身階級からすれば、全国統一試験を受ける前に「不宜録取（進学不適格者）」となっていたはずだ。それが、そうした措置が取られることはなかった。さらに、これは後に判明したのだが、服部が受験したこの年の受験資格の項目には、次のように記されていた。

「中華人民共和国公民」

「公民」、つまり中華人民共和国の国民でなければ、大学の受験資格はないという決まりだった。服部自身が、「僕は残留孤児ではないんですよ。だから、一度だって中国人にはなっていない。ずっと日本国籍の日本人だった」と言うように、本来であれば、この時点で服部が大学を受験することはできなかったはずだ。しかし、決して願った大学ではなかったが、大学への受験、入学は許された。

考えられるのは、服部の学業成績が図抜けたものであったこと、そして日本人とはいえ、服部の父は〝国際友人〟として、共産国家の礎を作るのに多大な貢献をしてきたことなどが、考慮されたのではないか。服部自身は、そんなことは知るよしもなかったが。

東北林学院に進学すると、大学の寮に住めるようになったことで、服部は、過酷な掘っ建て小屋での生活に、別れを告げることができた。不本意な進学先ではあったが、大学は身体的にも精神的にも、傷ついた服部を癒やす場所となり、時間となった。

そして中国政府にも、大きな動きが起きていた。

国家主席が、毛沢東から劉少奇《りゅうしょうき》へと代わったのだ。毛沢東は相変わらず中国共産党中央委員会主席の座にあり、実質的な最高実力者ではあったものの、大躍進運動の実態、積み重ねられた大きなウソが明らかになるにつれ、毛沢東の立場は厳しいものになっていった。

穀物生産高は、5年前の3分の1程度にも満たなかったにもかかわらず、各地方から毛沢東に報告される数字は、驚異的な豊作を示すものばかりだった。毛沢東も薄々は気づいていたのだろうが、事実を報告する幹部はいなかった。

共産党幹部の脳裏には、ある光景が刷り込まれていた。それは、毛沢東が新国家建設のために掲げた「百花斉放・百家争鳴」だった。自由闊達《かったつ》な議論こそが新国家・中華人民共和国の礎となる、と毛沢東は宣言し、共産党の改善すべき点なども自由に議論しようと、高らかに宣言した。天安門広場を埋め尽くした、何十万人という人々が掲げる「百花斉放・百家争鳴」の巨大なプラカードを、毛沢東は満足げに見つめていた。

しかし、誤算が生じた。自由闊達な共産党批判も許容するはずだった運動は、毛沢東の予想をはるかに超える、激烈な共産党批判を生んだ。また毛沢東個人への批判も、うねりのように起こった。ここに至り毛沢東は豹変《ひょうへん》し、共産党批判を口にする者を徹底的に弾圧したのだった。共産党批判をした者たちは、「労働改造所」という強制収容所に入れられ暴行を受けた。共産党の暴力の前に密告が横行し、暴力が人民の口を噤ませた。この弾圧の被害者は3000万人以上、死亡者は全国で60万人以上とされるが、詳細は明らかになっていない。

圧政、暴力による統治は沈黙を生み、人々は見て見ぬふりをするようになってしまった。死に至る暴力は恐怖でしかなかった。これが中国共産党、毛沢東率いる一党独裁制政権の本質だった。

国家主席となった劉少奇は、積極的に地方視察を繰り返した。地方から上がってくる報告は大豊作なのに、なぜ飢餓が生まれているのか？　なぜ人民が人民を食べるような凄惨な事件が起きているのか？　劉少奇は、その実態を、自分の目で確かめようとした。

そして、劉少奇が目の当たりにしたのは、記録的な豊作という報告が真っ赤なウソであることが、手にとるようにわかる惨状だった。ある地方では、劉少奇の姿を見た痩せ細った農民たちが、たどたどしく近づいてきた。劉少奇に随行する地元の共産党幹部が制止しようとするのを劉少奇は止め、自ら近づいて農民らの手を取った。

農民たちは涙ながらに、食べるものがないことを訴えるのだった。劉少奇の周りに集まってきた農民は、さながら幽鬼のようだった。劉少奇は、こんな光景に何度も出くわすこととなった。そして、〝人喰い〟の話も、劉少奇の耳に入った。この世の地獄であった。けれども、こうした報告は北京には届いていなかった。粛清を恐れた地方の共産党幹部が、ウソで塗り固めた報告を繰り返していたのである。皮肉なことに、国内が飢餓で苦しんだこの時期、あろうことか外貨獲得のために、北京に集められた穀物は輸出されていた。1959年、中国から海外に415万トンあまりの食料が輸出され、飢えた人民のために輸入した食料は、わずか2000トンに過ぎなかった。

当時、中国で起こっていた飢餓の原因は、天候不順が続いた天災であるとされていた。しかし、地方視察を繰り返した劉少奇は確信する。これは、天災ではなく人災、毛沢東の失政である、と——。

1962年1月。天安門広場の西側にある「人民公会堂」には、全国から7000名にもおよぶ共産党幹部が集まっていた。この日の党大会の目的は、大躍進運動の総括だった。

この日、中国建国の父であり、中国人民のヒーローである毛沢東は、建国以来、初めて公の場で批判される。

劉少奇は、7000人の共産党幹部を前に、

「大躍進運動の誤りの原因の内、天災など自然災害は3割で、人災が7割である」

と、宣言した。会場の共産党幹部らは息を呑んだ。

劉少奇は名前こそ出さなかったものの、人災を呼び起こした張本人が、毛沢東であることは明らかだった。誰もが劉少奇の横に並ぶ毛沢東を見つめた。毛沢東は表情を変えることはなかった。劉少奇は、さらにこう続けた。

「我々、指導者たちは、誠実なことを語る人間に損をさせてはならない。ウソを語り、ウソの報告をした人間は批判され、必要ならば処分しなければならない」

劉少奇の発言に促されるように、発言を求められた会場の幹部の間からも、毛沢東批判が相次いだ。毛沢東が国家主席の座を譲ったことも、毛沢東凋落《ちょうらく》の兆しだと、多くの者に受け止められた。

自分に向けられたあからさまな批判の声に、毛沢東もたまらず、

「社会主義建設の経験が不足していた」

と、初めて自己批判をするほどだった。

後に参加者した人数から、「七千人大会」と名付けられたこの党大会を最後に、毛沢東は政治の一線から身を引き、隠遁《いんとん》者のように身を隠すことになった。毛沢東の呪縛から解き放たれた国家主席、劉少奇は、党中央委員会総書紀の鄧小平とともに、経済改革に乗り出す。穀物や野菜などの自由売買を復活させる一方で、社会主義の理想の形だとされた人民公社を、段階的に解体していった。百花斉放・百家争鳴運動の際、共産党批判、毛沢東批判に「右派」のレッテルを貼り、弾圧の先頭に立ったのが鄧小平だった。鄧小平はこれ以降、毛沢東のやり方に疑問を持ち、徐々に毛沢東と距離を取り続けていったという。

毛沢東は、劉少奇、鄧小平らが主導する修正主義経済に不満を募らせていた。毛沢東がこれぞ共産主義だ、と自画自賛していた人民公社の解体を巡り、劉少奇との間でこんなやり取りが行われたという。劉少奇が国家主席となっておよそ半年後、場所は北京・中南海《ちゅうなんかい》にあるプール付きの毛沢東の自宅だった。

「何を焦っているのか。陣形を崩さぬようになぜ持ちこたえられないのか」

こう詰問する毛沢東に、劉少奇は、

「餓死者がこんなに出ているんですよ。歴史はあなたと私のことを書きますよ。人が人を食べた、そんな本に名前が残りますよ」

と反駁《はんばく》。

「三面紅旗（「社会主義建設の総路線」「大躍進」「人民公社」の3つを遂行しようというスローガン）を否定し、土地も分ける。なぜ辛抱ができないのか。私が死んだらどうするつもりなのか」

毛沢東は、大躍進運動の失敗に気づきながらも、強気な姿勢を崩すことはなかった。失敗を認め自己批判すれば、かつて毛沢東自身が同志にしてきたように、政治的な抹殺はもちろん、物理的な死も覚悟しなければならなかった。

毛沢東は民衆の前から姿を消していったが、〝ゲリラ戦の専門家〟は復権の機会を虎視眈々《こしたんたん》とうかがい、自らの〝神格化〟に力を注いだ。その尖兵は、毛沢東が国防部長に据えた林彪だった。毛沢東の失脚後も、林彪は、毛沢東の指示で『毛沢東語録』を出版するなど、毛沢東支持を公然と唱え、復権のための地ならしを怠らなかった。

飢餓を食い止めた劉少奇、鄧小平は、毛沢東の影を気にしながらも、一部に市場経済を持ち込むなど、経済の立て直しに注力した。その一方で、国内に明るい話題を振りまいたのが、劉少奇の妻、王光美《おうこうび》の存在だった。王光美の父、王治昌《じしょう》は、戦前、早稲田大学への留学経験を持つ中華民国の高官だった。父が、ワシントン会議に随行員として出席している最中に生まれたことから、アメリカの中国語表記「美国」を名にとって、王光美と名付けられた。王光美の経歴は共産党幹部の中でも異色だった。

王光美が通ったのは、北京にあった輔仁《ほじん》大学。1925年にキリスト教ベネディクト会によって設立された大学で、中華人民共和国の成立後、しばらくして大学は閉鎖され、その後19

61年に、中華民国、つまり台湾で復興され、現在も名門大学として運営されている大学である。

王光美はこの大学で原子物理学を専攻。大学院にも進み修士号を取得している。大学の講義はすべて英語で行われ、学生寮での生活も英語が義務付けられていた。大学院卒業後、米国への留学も考えていた王光美のもとには、スタンフォード大学、シカゴ大学から入学を許可する通知が届いていたという。しかし、王光美が選択したのは米国留学ではなく、中国共産党に身を投じることだった。王光美が目指したのは、当時の共産党の聖地、延安《えんあん》だった。

1962年、インドネシアのスカルノ大統領夫人、ハルティニが訪中すると、英語が堪能な王光美はホスト役を務め、中国各地を案内した。その才媛ぶりは連日、「人民日報」の1面を飾った。王光美がさらに輝いたのは、翌年の海外歴訪だった。

劉少奇とともにインドネシア、北ベトナム、ビルマ、カンボジアを訪問した王光美は、公式の場では礼服としてチャイナドレスを身に着けていた。その優美な姿、堪能な語学力、豊富な知識は、各国の指導者たちを魅了した。王光美は、まさに近代国家を目指す中国の理想的な女性像だった。王光美はその輝きで中国を照らし、夫の劉少奇も、彼女に相応《ふさわ》しい男ぶりの美男子だった。中国本土では連日のように、海外を視察する劉少奇、王光美夫妻の艶《あで》やかで、凛々《りり》しい姿を報道した。

この華やかな二人に、激しい憎悪の目を向けていた男女がいた。一人は毛沢東、そしてもう一人は、毛沢東の妻、江青《こうせい》だった。特に瘦せぎすでけっして美形とは言い難かった江青の、王光美に対する嫉妬は常軌を逸していたという。毛沢東と江青の憎しみ、妬み、暗い情念が、文化大革命の引き金の、大きな原因の一つになってゆく。

ともあれ、北京を舞台にした中国の暗闘劇の一幕は、国家主席となった劉少奇が、総書記の鄧小平と共に実権を握り、毛沢東を第一線から退かせることによって、一応の決着が着いた。

第5章

文化大革命の嵐

北京の政治風景から、ハルビンの一角に話を戻そう。

服部は、中国動乱の時を生き残り、大学に入学した。北京大学、清華大学に進学する夢は、服部の過酷すぎる生活を乗り越える糧《かて》だった。しかしその夢も、服部が〝日本人〟であるという理由から、絶たれることとなった。

服部が通うことになった「東北林学院」は、「林」と名前に付いているが、林業に特化した単科大学ではなく、農業、工学、文学、法学など、傘下に16の学部を持つ総合大学だった。

服部は、専攻に「土木工学」を選んだ。他の学部は4年制なのだが、土木工学だけは5年制となっていた。

「服部さんと同学年の1962年入学の世代は、優秀な人材が多かったって言われているそうですね」

服部はこれを聞くとさして興味はなさそうに、国務院総理になった温家宝《おんかほう》、国家主席となった胡錦濤《こきんとう》らの名前をあげた。が、その話しぶりには、喜びの感情は感じられなかった。

「北京大学や清華大学に行けずに、やはり不本意な気持ちが強かったんですか？」

「うーん」

服部は50年以上も前の感情を引っ張り出して、言葉を探した。

「やはりね……、日本人には分かりにくいけれど、中国は、たとえ共産党で共産主義の国家だと言っても、やはり身分による差別っていうか……、差別かな……それがとても強い国なんですよ」

しかし、中華人民共和国の国民ではない服部に、そもそも大学受験の正式な資格はなかった。最高峰の大学に進む夢こそ叶わなかったが、服部は、東北林学院に通い土木工学を学んだ。運良く、大学の寮にも入ることができた。

「今思い出しても泣けてくる」

こう嘆かせた掘っ建て小屋での最底辺の生活も終わった。「大躍進運動」も終わりを告げ、飢餓の恐怖は去っていった。かといって、豊かな配給が始まったわけでもなかった。相変わらず、配給は貧しい中国の国力そのもので、貧相なものだった。高粱、粟が主で、米は申し訳程度に混じっていた。

「腹一杯食べた記憶がない」

服部がこう言うように、国民に配られる配給は最低限の生命を維持する、それを少し上回る程度の量でしかなかった。とはいえ、最底辺の生活を強いられていた服部にすれば、それさえもありがたかった。

5年間の大学生活のほとんどは、服部にとってそれなりに安定したものだった。しかし、その学園生活が終盤に差し掛かった4年生の時、「文化大革命（文革）」が起こった。大躍進運動とは異なる意味で、文化大革命の嵐は、服部に容赦なく吹きつけた。

不穏な予兆は、やはりこの男、毛沢東の登場からだった。

中国のほぼ中央に位置する都市、武漢《ぶかん》。その中央を大河、長江が流れている。その日、長江の護岸には人が押し寄せていた。集まった群衆の視線は、長江で水泳を楽しむ男、72歳の毛沢東に注がれていた。

政治の表舞台から姿を消していた毛沢東は、腹心の林彪を使って『毛沢東語録』を出版するなど、姿を見せないことを逆手に取って、自らの神格化を着々と進めていた。

そうしたなかで、突然姿を現したのだ。毛沢東現る！　の一報は、劉少奇や鄧小平を身構えさせた。彼らの不安はすぐに的中する。毛沢東が姿を見せた数日後、文化大革命の狼煙《のろし》を告げるような檄文《げきぶん》が、「人民日報」に掲載された。

「司令部を砲撃せよ」

こんな扇動的な文句で始まる檄文には、劉少奇や鄧小平ら、現共産党執行部を糾弾する言葉がちりばめられていた。

「この50日間あまりの間に中央から地方に至るまでの一部の指導的同志は、かえってこの道に背き、反動的なブルジョア階級の立場に立ち、ブルジョア階級独裁を実行し、プロレタリア階級の嵐のような文化大革命の運動を押しのけ、是非を転倒させ、革命派を包囲攻撃し、異なった意見を抑圧し、白色テロを行って、ブルジョア階級の威風を助長し、プロレタリア階級の士気を挫《くじ》いて、自分では得意になっている」

そして、最後はこう締めくくられていた。

「プロレタリア文化大革命は人々の魂に触れる革命である。資本主義の道を歩む実権派を打倒し、指導権を革命派に取り戻せ」

歴史を動かし、歴史を作ってきた世紀のアジテーター、毛沢東の峻烈な表情が浮かんでくるような激しい言葉が続いた。歴史を自らの言葉と行動で切り開いてきた毛沢東の、権力奪取宣言だった。標的にされたのは、劉少奇、鄧小平を頂点にした〝実権派〟、〝走資派〟の面々だった。

「人民日報」の記事が出た13日後――。8月18日午前5時。中国の〝顔〟である天安門広場。国民党との戦いに勝利した後、中国共産党を率いる毛沢東がすぐに手を着けたのが、この巨大な天安門広場の建設だった。ソビエト連邦の「赤の広場」を意識して、長さ880メートル、幅500メートルという巨大な広場の建設を急がせた。

早暁《そうぎょう》にもかかわらず、この巨大な広場には、毛沢東こそ真の共産党指導者だとする毛沢東崇拝者たちが集まり、異常な雰囲気を醸しだしていた。およそ100万人といわれる熱狂的崇拝者は、〝紅衛兵《こうえいへい》〟と呼ばれた。

まだ夜が明けきらない天安門広場に集まった彼らの手には、赤い小さな『毛沢東語録』が握られていた。すでに集団的な熱狂のせいで感情の制御ができなくなった民衆は、「毛沢東万歳！」と唱えながら涙を流し、その場に倒れ込む者がいるなど、異常な興奮状態が広場を包んでいた。

清華大学附属中学の学生が秘密裏に組織したところから、全国に広がっていった紅衛兵。彼らの狂気と暴力は、中国全土を狂気と恐怖に包んでいった。当初、この紅衛兵の力を利用して権力奪取を画策した毛沢東でさえ、間もなく制御不能となり、紅衛兵同士の殺し合いも多発するようになってゆく。

中国中を恐怖のどん底に突き落とした紅衛兵運動の狂気は、この日、この時の天安門広場から始まったのだった。

軍服姿の毛沢東は、満足げな表情を見せ、紅衛兵に向かい「造反有理《ぞうはんゆうり》」（反抗にこそ道理がある）を説いた。資本主義に堕落した〝実権派〟、劉少奇や鄧小平らの共産党執行部を激しく非難した。

そして最後に、マイクを握った国務院総理、周恩来は声を限りに叫ぶのだった。

「中国共産党万歳！」「毛主席、万歳！」

会場は涙を流す者、「毛主席、万歳」を泣きながら叫ぶ者、『毛沢東語録』を狂ったように振る者で溢れた。

紅衛兵たちは、自己増殖していった。

軍服をまとった彼らが、「造反有理」の名のもとに目指したのは、「破四旧（四旧打破）」、つまり旧来の「文化」「思想」「風俗」「習慣」が、彼ら彼女らの標的となった。

仏閣に安置されていた仏像などは引っ張り出されて路上に叩きつけられ、伝統的な建築物、モニュメントなどが次々に破壊されていった。歴史的な書物、書画、骨董《こっとう》なども、彼らの格好の対象となった。こうした破壊によって、数千年の歴史を誇った文化芸術の多くが、文革の時代に完全に途絶えてしまい、今では復活できない技術も少なくないという。


紅衛兵の矛先は、地主、富裕層、教師、文化人、芸術家、そして共産党幹部らにも及んだ。

2007年、中国の映画監督、胡傑《こけつ》はドキュメンタリー映画「私が死んでも」を発表した。映画が描いたのは、1966年8月、北京師範大学附属女子中学・高校で起きた、紅衛兵だった生徒による副校長撲殺事件だ。

ブルジョア分子として同中学の副校長、卞仲耘《ベンチュウウン》を取り囲み、集団暴行を加えた。集団のリーダーだった女生徒の名前は宋彬彬《そうひんひん》。同中学の紅衛兵のリーダーだった宋は、急進的な紅衛兵運動の中でも目立った存在だった。

「造反有理」を呼びかけ、〝実権派〟追放を呼びかけた毛沢東の左腕に、天安門の楼上で「赤い腕章」を巻いたのが、中学生の宋彬彬だった。これだけでも宋は、すでに紅衛兵の中でカリスマ的な存在となっていた。

宋は跪《ひざまず》いていた卞仲耘を罵り、取り囲んだ男子学生を煽《あお》り続け、暴行の手を緩めようとしなかった。卞は、文化大革命で命を落とした最初の教師とされる。

宋彬彬の父は、共産党幹部の宋任窮《じんきゅう》。後に中国共産党の八大元老の一人となる宋任窮だが、文化大革命では盟友、鄧小平との関係が原因で失脚。復活したのは1977年、毛沢東の死後だった。

予想通り、「私が死んでも」の中国本土での上映は禁止された。当時の生徒だった紅衛兵の多くは、共産党高級幹部の子弟であり、その一族が今も尊敬される地位についていることが、上映できない理由だとされた。

文革の主役を担った過激な紅衛兵が、盛んに口にしたのがこんな言葉だった。

「お前の出身はどこか?」

これはその人間の出身地ではなく、その人間の〝階級〟を問い質していた。

中国では出身階級が細かく分類されていた。最上とされたのが、〝紅五類〟。紅は良い色とされ、その良い色に生まれた者は、革命幹部、革命軍人、革命烈士、労働者、(中農以下の)農民だった。こうした人々は、良い思想の持ち主、良い出身階級、つまり良い共産党員になる者とされた。もっとも革命第1世代はともかく、その後継である革命第2世代で、貧農や農民出身者から共産党幹部になったような者は、ほとんどいない。

紅に対し、〝黒〟は悪い色だった。

出自が、資本主義的、反共産主義的な階級であるとして、〝黒五類〟に分類されたのは、地主、富農、反革命分子、悪質分子、右派分子であった。さらに〝黒〟には、反動的とされた知識人、資本家を加えた、〝黒七類〟というクラス分けも存在していた。

そして〝紅〟でも〝黒〟でもない、〝まだら〟という意味で、〝麻五類〟という分類もあった。麻五類に属する者は、中農、職員、役者、医者などであった。

では、果たして服部はどこに分類されたのか。服部は、いうまでもなく日本人だった。ゆえに、一年に一度は、ハルビン市内にある公安局外事課に行って、外国人登録を更新しなければならなかった。共産主義国を敵視する資本主義の国、米国に追従する日本から来た男。だから、服部は〝黒五類〟に分類されていた。

共産党関係者、特に幹部らの子弟が紅衛兵となったことは周知の事実であり、紅衛兵運動の最中でも、その出身階級を巡っての上下関係、優劣はついて回った。

そして紅衛兵になれたのは、〝紅五類〟と呼ばれる出身階級の者たちだけだった。ある意味、共産党幹部の子弟を中心とした〝純化運動〟ともいえる紅衛兵運動では、ばかばかしい話だが、『毛沢東語録』を暗記しているか否かのようなことまでが最重要視されもした。

ある者が路上を歩いている。紅衛兵とすれ違いざまに詰問される。

「止まれ！　『毛沢東語録』の○○ページの××カ条を唱えろ」

答えられないただの通行人は、紅衛兵らに引き立てられ、数時間にわたって罵倒され、時にビンタを張られた。

『毛沢東語録』のいわゆる「老三篇」（「人民に奉仕する」、「愚公、山を移す」、「ベチューンを記念する」の3篇をさす）を、5歳の子供が暗唱したという新聞記事があった後、誰もが競って「老三篇」を暗唱するようになった。さらには暗唱できなければ、外出することも憚られるような雰囲気になってしまった。紅衛兵から、詰問だけならばよいのだが、一歩間違えれば死に至るような暴行を、数時間にわたって受けることもあった。その恐怖を考えれば、暗唱ができないまま外出などできるはずもなかった。

こうした話はある種、恐怖が生んだ滑稽な話なのだろう。しかし、紅衛兵という名称が今も深く歴史の轍《わだち》に刻まれているのは、「私が死んでも」に象徴されるように、その狂気が死をもたらしたからだ。

狂気に走る紅衛兵を煽りたて、暴走に油を注ぎ続けた共産党幹部がいた。後に逮捕され、死刑を宣告される毛沢東の妻、江青だ。

戦前、中国共産党が拠点とした陝西《せんせい》省延安。その延安で毛沢東と結婚した江青は、猜疑心の強い野心家だった。その意味では、似たもの夫婦だった。けれども、江青の嫉妬心、野心を、毛沢東さえ持てあますようになる。

ことに江青が嫉妬心を燃やし、憎悪を募らせていた相手が劉少奇、王光美夫妻だった。劉少奇のファーストレディとして外遊し、笑顔を振りまいた王光美に、江青は悔し涙を流したともされる。

「劉少奇をぶっ殺せ」

江青はこんな言葉を吐いて、紅衛兵たちを煽った。

国家主席の妻、王光美であろうと、すでに紅衛兵たちの暴走は止められなかった。数万人が集まった清華大学に引き立てられた王光美の姿は、無残なものだった。劉少奇との外遊の時に身に着けていたチャイナドレスを、服の上から強制的に着せられ、首からはやはり外遊の時に身に着けていた真珠のネックレスを模した、ピンポン玉のネックレスがかけられていた。

江青の目的は、王光美に屈辱を味わわせることだった。紅衛兵に取り囲まれ、数万人の前に引き立てられた王光美。壇上に立たされた無様な姿に、集まった者たちから下卑た笑いが起こった。王光美を壇上に立たせた紅衛兵たちは、王光美の頭を押さえつけては口を極めて罵った。

「お前はアメリカのスパイだ！」

「お前はＣＩＡだ」

「お前は資本主義の手先として、共産党を売ろうとしていた」

王光美への面罵は、数時間にも及んだ。女性紅衛兵から平手打ちを受けたり、頭をこづかれるといった暴行も受け続けた。

服の上から無理矢理着せられたチャイナドレスに、ピンポン玉のネックレスという屈辱的な姿。その様子は映像に収められ、各地で放映された。もちろん江青の指示だった。結局、王光美は罪を認め投獄される。毛沢東の死後まで11年間、王光美は獄中で耐え続けた。

王光美を血祭りにあげた江青の次なる目標は、夫の国家主席、劉少奇だった。

劉少奇の自宅は、紅衛兵たちによって取り囲まれていた。電話線は切断され、外部との接触は一切断たれていた。巨大な拡声器が、何台も劉少奇の家の周囲に取り付けられ、その拡声器を通じて紅衛兵たちは、昼といわず夜といわず、劉少奇の罪をがなり続けていた。

「アメリカの犬」、「ブルジョアの手先」、「堕落した犬以下の男」――。

中南海に紅衛兵たちの罵声が響き続けた。そして数週間後、ついに紅衛兵たちが自宅に押し入り、国家主席に執拗《しつよう》な暴行を加える。自宅から引き立てられた劉少奇の顔面は腫れ上がり、かつての端整な面影は消えていた。取り囲んだ紅衛兵たちに、頭をこづかれ、顔を張られて、罵詈雑言を浴びた劉少奇は、結局、〝敵のスパイ、敵の回し者、労働貴族〟と断罪され、共産党を除名された。党が国家主席を救うことはなかった。幽閉所へと改造された自宅で、劉少奇には最低限の食事が与えられるのみで、入浴や着替えさえ許されなかった。寝たきりとなった劉少奇は、翌年には河南《かなん》省開封《かいふう》市に移送され、自殺防止と称してベッドに縛り付けられたまま、ほぼ放置された。共産党の除名処分を受けてからおよそ1年後の1969年11月、劉少奇は死亡した。極秘裏に火葬され、開封市の火葬場に残された骨壺には、「劉衛黄」とラベルが貼られた。劉少奇の幼名だった。亡くなった時、劉少奇の体重は、わずか20キロあまりだったという。

当初、紅衛兵運動を主導したのは、いわゆる名門といわれる重点中学、たとえば清華大学附属中学、北京大学附属中学、北京師範大学附属女子中学、北京市の第四中学、第十一中学といった高級中学校に通う、共産党幹部の子弟が多かった。

こうした紅衛兵の中には、劉少奇、鄧小平、陳毅《ちんき》、賀竜、李先念《りせんねん》、董必武《とうひつぶ》、葉剣英《ようけんえい》といった、共産党の高級幹部の子弟も大勢いた。彼らの多くが、出身階級が悪い〝黒五類〟の家に押し入っては家財を没収し、抵抗する者たちには暴力で黙らせた。死に至るリンチも少なくなかった。紅衛兵運動が始まって1カ月あまりで、11万戸以上の家が被害にあった。

紅衛兵運動は、毛沢東が描いていた〝走資派〟を一掃する、というものからかけ離れた運動に姿を変えていった。

業を煮やした毛沢東は、

「本当の労働者、貧農出身者のリーダーを選び出し、現在ある紅衛兵組織を分裂させろ。紅衛兵運動は普通の労働者、貧農出身の青年たちが指導すべきだ」

と、宣言した。党の高級幹部子弟が主導した紅衛兵運動を、徹底的に批判し、否定したのだった。この毛沢東の路線転向によって、紅衛兵そのものが一変してしまう。

最初は、共産党高級幹部の子弟を頂点に、彼らの指導を受ける〝紅外囲〟(普通の市民、中農以下の出身者で、共産党幹部の子弟ではない者たち)という階層があり、〝黒五類〟出身の学生などは〝犬コロ〟と呼ばれ、外出も他の紅衛兵たちとの交流も許されなかった。彼らは紅衛兵から監視され、そして労働を強いられていた。

ところが、毛沢東が新たに作り出した〝真紅衛兵〟は、血統主義下にあった共産党幹部子弟が指導する紅衛兵組織に、戦いを挑むようになった。双方の対立は抜き差しならぬものになり、ついに天安門広場で対峙《たいじ》して殴り合い、殺し合いの流血事件が起こる。毛沢東の指示を受け、出動した治安部隊、軍隊は、ことごとく共産党幹部の子弟たちが指導する紅衛兵——赤い腕章を巻いた者たちだけを、逮捕していった。党高級幹部の子弟が初めて味わう屈辱であり、共産党独裁政権の怖さを身を以て知ることとなった。逮捕者の中には、前述した劉少奇、鄧小平、賀竜、陳毅、李先念、董必武、葉剣英らの子弟もいた。これによって、共産党高級幹部子弟が中心となった紅衛兵運動は、終わりを告げる。

その出身階級から一段低く見られていた、新たな紅衛兵の担い手たちは、それまで自分たちを蔑《さげす》んでいた共産党高級幹部の子弟のみならず、その両親や親族も、〝旧体制派〟〝ブルジョア階級〟として血祭りに上げてゆくのだった。

劉少奇、鄧小平、賀竜、彭真《ほうしん》、薄一波《はくいっぱ》、羅瑞卿《らずいけい》、楊尚昆《ようしょうこん》らの一家の財産は剝奪され、子供たちは着の身着のまま放り出された。

鄧小平の長男、鄧樸方は、北京大学文革委員兼物理系文革主任を務めていた時期もあったが、そうした地位はすべて剝奪され、閉じ込められた北京大学の一室で、暴行や辱めを受けた。耐えかねた鄧樸方は、3階の部屋から飛び降り自殺を図ったが、死にきれなかった。運ばれた病院からは、〝走資派の犬コロ〟と入院を拒絶された。最終的には人民解放軍の病院に運ばれたものの、治療は一切なされなかったため、脊髄損傷から下半身不随となり、一生涯、車椅子生活を送ることになった。

劉少奇の長男、劉允斌《いんひん》は指名手配され、内モンゴル包頭《パオトウ》市郊外まで逃げたものの、最後は列車に引かれ轢断《れきだん》された死体で見つかった。王稼祥《おうかしょう》（中央対外連絡部長）の一族は、自らの息子を含め12人が、拷問などによる非業の死を遂げている。王稼祥は、文革後に復権を果たした。

紅衛兵の熱狂は、1966年後半から1968年前半までおよそ2年間続いた。数千万人の〝蜈蚣《ムカデ》〟が中国の大地、中国の社会を荒らし、食いちぎっていった。中国の民はそれを「飛天蜈蚣」と呼んだ。

毛沢東は紅衛兵たちを扇動し、彼らの暴力を黙認し、好き放題にやらせた。その結果として、毛沢東の最大の標的だった劉少奇は潰れ、鄧小平は消えていった。

中国社会は、文革によってずたずたにされた。子は親を憎み、親の価値観を否定した。中には、自らの親を、ブルジョア右派であると紅衛兵に告発し、投獄、銃殺刑にまで追い込むようなことも、少なからず起こった。

後年、習近平と権力の座を争った元重慶《じゅうけい》市党委員会書記（市長に相当）の薄熙来《はくきらい》。彼の父親、薄一波（元国務院副総理）は文革の最中、スパイ容疑で告発され失脚する。北京第四中学を卒業後、紅衛兵の指導的立場にあった薄熙来は、批判大会の壇上に立たされた父に向かって飛び蹴りを食らわし、肋骨3本をへし折ったという。父子は文革後、和解したというが、本当だろうか。文革の最中に、薄一波の夫人である薄熙来の母は、服毒自殺を遂げた。自殺の原因は、息子の父親への激しさに、絶望したためとされる。

紅衛兵の嵐は、北京から遠く離れた、黒竜江省ハルビンでも吹き荒れた。服部が通う東北林学院でも、大学で教鞭を取っていた教師が、紅衛兵によって次々に吊るし上げられた。

痛ましい光景だった。服部は校舎のあちこちで、反抗するわけでもなく、ただ諦めたようにうなだれる教師の姿を目撃するようになった。それは、服部が育林小学校に通っていた頃に目撃したのと、同じ光景だった。

当時、中華人民共和国が成立して、まだ数年しか経っていない時代だった。国民党の残党だけでなく、様々な〝反革命分子〟が連日のように摘発されていた。服部ら小学生は、街の体育館のような場所に集められた。その舞台では、足枷と足に鉄の重りをつけた〝犯罪者〟が晒しものにされ、鎖でつながれていた。住民は興奮して彼らを甲高い声で罵り、ツバを吐きかけた。公然リンチにも近いものだった。

服部は思うのだった。中国人はなにゆえに、これほどまでに同じ中国人を痛めつけるのかと。

服部も志願して、紅衛兵に入った。けれど、程なくして除名された。服部の出身階級が、〝黒五類〟の日本人だったからだ。

「紅衛兵の団体に入ったけれども、すぐに除名された」

小学生時代、赤いネッカチーフ（紅領巾）に憧れ、入隊を希望した共産党少年先鋒隊には、日本人であるがゆえに入ることができなかった。大学受験でも、日本人であった服部は成績とは関係なく、受験前から北京大学、清華大学などの入学枠から外されていた。そして、文革の嵐が吹き荒れるなか、紅衛兵になることも叶わなかった。

服部は、紅衛兵運動が最高潮だった、1968年の秋に大学を卒業した。服部が通った東北林学院の土木工学科は5年制の学科だったが、文革の混乱のために、さらに卒業年次は1年遅れた。卒業を控えた服部は、これも文革の影響で黒竜江省の僻地《へきち》に飛ばされていた父親に、手紙を書いた。父は日本人であるがゆえに〝犬コロ〟扱いされ、僻地での労働を強いられていた。

――この中国では日本人は生きていける場所がない。もう帰国するしか道は残されていない。帰国の手続きを始めよう。

紅衛兵から拒絶されたことが幸いしたかもしれない。服部の中で、新しい明確な目標ができた。それは、日本への帰国だった。

晴れて大学を卒業した服部を待っていたのは、「強制労働」だった。出身階級が悪い〝黒五類〟には、学生時代から自由な外出や交流は認められなかった。卒業後も、〝紅五類〟に属する、正当な出身階級とされる紅衛兵に監視されながらの、「強制労働」が命じられた。

黒竜江省伊春市。服部が小学生時代を過ごした思い出深い街に、10年ぶりに服部は戻ってきた。服部の幼少期の頃から森林資源が豊富な地域で、伊春市は、今も林業の町、森林観光の街として知られる。

服部が送られたのは、伊春市郊外の、手つかずの原生林のようなところだった。強制労働ではなかったが、「監視労働」という名の下の、実質的な強制労働だった。古ぼけたチェーンソーはあったが、足りないので斧《おの》を使って大木を切り倒せという。１９６８年、まだ中国全土で、紅衛兵の恐怖と暴力の嵐が吹き荒れていた。

「今、あちこちで行われている（中国の）強制労働より、何倍もひどい生活だった」

「強制労働よりもひどい生活」は、毎朝8時から始まった。伊春の冬はマイナス20度になることもある。その中で、服部が「綿入れ」と評した、防寒着を着ての作業だった。特に寒い日は、その綿入れを重ね着し、まるで雪だるまのような奇妙な格好で、森林伐採の労働にあたった。食事は365日、同じようなものが出された。薄いスープ、トウモロコシの粉を水で練って焼いたペラペラのパン。それにとても塩辛い漬物がついた。

塩辛い漬物を見る度に、服部は2つ上の兄、照雄のことを思い出した。大躍進運動の飢餓の時代を含めて、中国人の多くは塩で漬け込んだ漬物を、主食のように大量に食べた。それで腎臓をやられるものが多発した。家族の中で服部が最も近しく、尊敬していた兄だった。その兄も腎臓を患い、そして亡くなった。服部は、兄の命を奪ったのは、あの塩辛い漬物の食べ過ぎだと思っている。だから、塩の利き過ぎた漬物を口にすると、どうしようもなく兄のことを思ってしまうのだった。

昼は、原生林の中で食べることもしばしばだった。夏はまだしも、冬は気をつけなければならなかった。服部たちは、リュックサックのようなものを背負って、現場の原生林に向かった。配給されたペラペラの薄さのパンを不用意にリュックに入れておくと、冬の厳しい時期にはカチンカチンに凍ってしまい、一食抜く羽目になってしまう。服部たちは、配られたパンを新聞紙などに包んで、下着と上着の間に挟み、体温で温めて凍結を防ぐようになった。

古いチェーンソーは度々故障した。錆《さ》びて赤茶けた刃は、黒竜江省の厳しい自然に耐えてきた大木に立ち向かうには、あまりに危うい代物だった。刃こぼれはしょっちゅうだったし、その度に刃が飛び、それで傷つく者もいたほどだった。チェーンソーがダメとなると、斧で大木に立ち向かわなければならなかった。うんざりするような作業だった。

斧を振りながら、服部は自問自答した。なんでこんなことをしているのか？　いや、しなければならないのか？　必死に生きてきた。必死に勉強もしてきた。父は父で新しく生まれ変わった中国に、少なからず協力してきたではないか。それが、どうだ。中国社会が、自分たちに突きつけた答えが、これなのか？

そして服部は呟くように、周囲に誰もいなければ、叫ぶように言うのだった。

「服部は、なにがあっても日本に帰るぞ！」

満州で生まれた服部は、日本を知らない。服部が受けた教育では、精神が堕落し、心が毒された者たちの集団が、資本主義の国だという。そこには秩序がなく、欲望が人間を支配している——、米国、そして米国に追随する日本などの国々のことを、服部はこう理解していた。

心が毒され、精神が堕落した国、日本。資本主義国の日本はどんな国なのだろう。そこには今以上の苦しみがあるのだろうか。父と母が生まれ、育った国はどんな国なのか。日本についてまったく話そうとしない父とは違い、母はよく日本の話をしてくれた。北海道札幌の出身だった母は、家族や友達と行ったスキーの思い出や、家族で札幌の近くの温泉に行った時の話などを、よくしてくれた。また、母はまだ食料が逼迫《ひっぱく》していなかった時代、家族にライスカレーを作ってくれたこともあった。そのことで小学校の同級生にはからかわれたが、母

は、

「これは日本でもよく食べていたライスカレーというものなんだよ。日本では陛下もお食べになるんですよ」

などと言って、家族に振る舞っていた。母の言う「陛下」というものがよくわからなかったが、陛下という言葉を聞いた父が、

「ここで陛下なんて言葉を使うな。誰が聞いているかわからないんだぞ」

と、やや顔を強張らせて母をいさめようとしていた。普段は無口で、母がすることに口を挟まなかった父が、母にものを言うのは珍しかった。しかし、これも本当に珍しいことだが、母が父をやり込めるように、言い返したのには驚いた。

「そんなことを言ったって、私たちは中国人じゃないんですよ。私たちは、れっきとした日本人なんですよ。日本人が日本のことを言ってどこが悪いんですか」

いつになくきっぱりとした口調だった。父は母の態度に気圧《けお》されたように、なにごとか口中でモゴモゴと言っていた……。

服部は、日本の様子を語ってくれた母の、思い出の断片をつなぎ合わせて、まだ見ぬ日本を夢想した。

「フーブー（服部）、怠けるな！　ちゃんと働け！」

夢想していると、人民解放軍の軍服をまとった紅衛兵たちから、叱責の声が飛んだ。少なくとも彼らがまとっているコートは、服部らに与えられた「綿入れ」のような防寒着よりはるか

に暖かそうだった。

服部たちの住まいは、大きなテントだった。3、4人で一緒に生活していた。多くは服部よりも年上の者だったが、テントの中にはドラム缶を改良して作られた暖房があり、汗をかくほどの暖かさだった。だから凍える思いをして帰ってくるや、服部は服を脱ぎパンツ一枚になって過ごした。

けれども、極寒の中に暖かさをくれたテントは、夏になると暑さで服部を苦しめた。何よりも難渋したのは、湿度と高温から大量に発生する、「南京虫」だった。

湿度が上がってくると、テントで暮らす人間の身体に赤い点々が目立った。南京虫に刺され、血を吸われた跡だった。猛烈な痒《かゆ》みだった。一日の作業を終えて帰ってくると、お互いに猿の毛づくろいのように南京虫を取り合い、身につけていた服、下着の南京虫を、一心不乱に潰し続けた。

労働の合間には、紅衛兵による学習の時間があった。その教材である『毛沢東語録』を暗記することは、中国共産党に忠誠を誓う、証明のような雰囲気があった。

『毛沢東語録』を暗唱する思想訓練の時間になると、服部の独壇場だった。元々、勉強が得意だった服部にとって、『毛沢東語録』を暗記する程度のことは造作もなかった。

「フーブー」

紅衛兵から、「〇章の×条を言ってみろ」と言われ、服部が口ごもることはなかった。紅衛兵たちは、いじめ甲斐がなくなったのか、服部から興味を失っていった。

「出身階級の悪い、日本の小鬼のフーブーが覚えられるのだから、覚えていないお前たちはブルジョア右派だ」

代わって服部以外の者たちが外に立たされ、何度も何度も『毛沢東語録』を暗唱するよう、強要されることもあった。

こんな生活だったが、楽しみもあった。服部たちは、一応は黒竜江省の林業公社のようなものに所属していて、労働の対価が支払われた。非人間的な扱いを受け、非人間的な生活を強いられてはいたが、共産党が定めた給与として、一カ月46元が支払われた（北京だけは特例で48元だった）。

賃金の払われる日は楽しみだった。服部は支払われた46元を握りしめ、伊春市内に酒を買いに行った。そして、服部とは違って、大学はおろかほとんど教育を受けておらず、食うや食わずの生活をしていた他の労働者たちに、買ってきた酒を振る舞った。

「1元で500ccくらいの酒が買えた」

服部が酒とともに帰って来ると、貧しい労働者たちが手に手に茶碗を持って、服部の周りに集まってくる。日焼けしている彼らが持つ茶碗は縁が欠けて、長年使っているせいか黒ずんでいた。衛生などに構っていられる余裕はなかった。その黒ずんだ茶碗に、服部は酒を注いでやる。労働者たちは、にこやかに笑って服部に頭を下げ、

「フーブー先生、ありがとう」

と言って、舌なめずりをしながら酒を飲んでいた。服部も飲んだ。そして酔った。黒竜江省

の地酒ともいうべき、高粱で作られた「白酒《バイジュウ》」だった。酒は過酷な労働をしばし忘れさせてくれた。酩酊した服部は、手のひらに載せている縁の欠けた茶碗に目を落とした。茶渋が黒くこびりついている。周囲から、酔った誰かが口ずさむ、小さな歌声が聞こえてきた。小声なのは、聞きつけると紅衛兵がやってくるからだ。

酔いが服部の感情を揺さぶった。こんな原生林の中で一生が終わってしまうのか。自分の人生は一体なんなのか――。

冬ともなれば、マイナス20度を超える極寒のハルビン。凍死するかもしれない、という恐怖を抱えながら、薄い一枚の板の上で何枚も毛布を被り、エビのように身体を丸め寒さをしのいだ。掘っ建て小屋の横には、トラック運転手が使う入浴施設のボイラーがあり、薄っぺらな板を通して伝わってくる温もりが、服部の命をつないでくれた。

刺すような凍えから、果たして自分は眠ったのだろうか、起きているのだろうか、判然としないような状態が、冬の間ずっと続いた。膝を抱えて寒さに耐えながら、服部は父を呪《のろ》った。何度日本への帰国を頼んでも、父はいつも、それをやんわりと拒否してきた。口を開けば、

「中国は理想国家作りに成功した」

ということばかり話していた。

そんな言い訳がましい言葉を思い出す時、服部は父に、憎悪の思いが募るのがはっきりとわかった。何が理想の国家だ、何が理想郷だ。服部は毒づいていた。理想の国家が何ゆえこれほど人を苦しめるのか？　何ゆえ人を飢えさせるのか？　父は共産党に洗脳され、その走狗《そうく》にな

っているに過ぎない。服部は何度となく呟いた。

「日本に帰りたい」

そして伊春の原生林の中でも、服部は自分の人生を、自分の境涯を呪った。日本に帰っていれば……、日本に帰っていれば……、と。


およそ2年後、紅衛兵監視下の強制労働は、終わりを告げた。服部は、黒竜江省の省都、ハルビンに帰って来た。ここでも、土木作業からペンキ塗りまであらゆる仕事をさせられた。けれども、その前に強いられていた原生林での強制労働に比べれば、どれもこれも容易《たやす》いことに思えた。

ある日、外国人登録の更新に、ハルビン中央通りの中国共産党公安局外事課を訪ねた時のことだった。通例のように一年に一度の外国人登録を終えると、服部は、そそくさと外に出た。


すると、服部の前に、何かの手続きをしていた同じような年頃の男性が、周囲を憚るようにそっと近づき、

「あなたは日本人ですか」

と、中国語で尋ねてきた。

服部は驚き、反射的に答えた。

「僕は日本人だ」

男も小さな声で、

「僕も日本人です」

と言うのだった。服部は瞬間的に、男性の左胸につけられている身分証に目をやった。そこには、中国人の名前が書かれていた。

「でも中国人の名前じゃないか」

こう問うた服部に対して、その男性はさらに声を潜めて言うのだった。

「実は……僕は日本人なんです。中国人の親に育てられたけれど、日本人なんです。日本名は酒井《さかい》といいます」

この人物の名は、酒井拓夫《たくお》。日本人から酒井を引き取った中国人の養父は、酒井の出生を隠すためには、田舎よりも都会のハルビンの方が都合が良いだろうと判断し、幼い酒井を連れてハルビンに移住し、そこで細々と商売を営んだ。ところが両親の親戚が遊びに来た時のことだ。親戚の子供と口ゲンカになった時、その子供が発した一言に、酒井はショックを受ける。

「日本人のくせに！　日本人！　日本鬼子《リーベングイズ》！」

酒井は初めて自分が中国人ではなく、日本人であることを知る。ショックだった。当時の男性としては珍しかったが、酒井は看護の学校を卒業し、就職を機に家を出て、一人暮らしを始めたという。公安局外事課に来たのは、日本への帰国申請をしており、その進捗状況を確かめるためだという。

まさに天佑《てんゆう》だった。服部は、酒井に出会えたことに感謝した。酒井の話から、日本に帰国する公のルートが、存在することがわかったからだ。原生林での過酷な強制労働の最中、服部を支えた希望は、日本への帰国だった。その希望が、一気に現実的なものになった。酒井がもたらしてくれた情報は、なによりもありがたかった。

服部は、すぐに父親を説得した。というよりも、有無を言わさずに、帰国を納得させた。

「その前から、僕は父に何度も手紙を書いていたんだよ。『もう日本に帰ろう』って。『今の中国には日本人の居場所はない。日本人は邪魔な存在になっている』ってね。父親も、文化大革命の時は僻地に飛ばされ、強制労働をさせられてたんだよ。あれだけ僕らに、『中国は理想国家を作った』なんて言ってた男が、強制労働ですよ。子供みたいな紅衛兵に監視されながら……。これが、理想国家なのか、と」

服部と家族が日本への帰国を哀願しても、首を縦に振ることなく、頑《かたく》なに日本への帰国を拒んでいた父親だったが、中国共産党の支配が、暴力、恐怖、服従によって成立していることを、文革で肌身に感じたのだろう。帰国を良しとしなかった父親も、態度を軟化させていったという。

服部一家の引き受け先は、札幌に住む母の実家とした。服部は、公安局外事課に正式な帰国申請書類などを提出する一方で、母の実家にも手紙を書き、厚生省（当時）への届け出、また日本にある、中国大使館への書類の提出なども頼んだ。

後にわかるのだが、母の実家は相当な資産家で、地元でも名士と呼ばれるような家だった。

父の実家は、ごく普通の家だった。もしかすると、敗戦下の日本での生活への不安はもちろんだが、徒手空拳で日本に帰国した後、母の実家に世話になるかもしれないという恐れを父が抱き、その肩身の狭さや男としてのプライドが、父に頑なに帰国を拒否させた一因だったのかもしれない――、服部はそう考えたりもした。

半年後、服部一家の帰国は実現するのだが、手続きを進める間、服部は酒井、また酒井が紹介してくれた残留孤児の日本人などと、頻繁に会った。

「今思い出しても、携帯はおろか電話さえなかった時代に、どうやって彼らが連絡を取り合っていたのか、不思議だった」

服部に先駆けて、酒井の帰国が決まった。服部は、ハルビン駅まで酒井を見送りに行った。酒井は泣いていた。服部も泣いた。

「服部さん、日本で会おう」

酒井はこう言って、列車に乗り込んでいった。

帰国した酒井は、日中国交が正常化して間もなく、両国のために作られた、「日中経済協会」で働くことになった。当時、新日本製鐵《しんにほんせいてつ》の社長だった稲山嘉寛《いなやまよしひろ》は、「宝山《ほうさん》製鉄所」の事業を積極的に進めていた。これは日中新時代を象徴する、国家プロジェクトにも匹敵するような巨大事業だった。このプロジェクトが中国側の事情で頓挫しかかった時、経団連の会長だった土光《どこう》敏夫《としお》は、中国の最高実力者、鄧小平を北京に訪ねた。

「中国側が起こした問題なのに、わざわざ土光さんが、中国まで来てくれて本当にありがたい」

鄧小平は、こう言って感謝した。この時、土光の側《そば》で、鄧小平の言葉を通訳していたのが酒井だった。酒井はこうして、山崎豊子が描いた小説『大地の子』のモデルの一人となった。

第6章

悲願の帰国

1970年（昭和45年）、服部は日本の地を踏んだ。ハルビンから香港まで行き、香港からは商船三井の大型船に乗って東京の港に着いた。初めて見る祖国、日本だった。船のデッキから遠くに、東京のビルがうっすらと見えてきた。

外務省が用意してくれた宿舎での生活が始まった。

東京の第一印象は、「汚い街」だった。人が溢れ、車がこんなに走っているのも初めて見た。あまりにも時間の進み方が違うので、東京を見るまで膨らませていた希望はいつの間にか萎《しぼ》み、不安だけが増幅していた。

1970年。高度成長をひた走ってきた、日本の矛盾が噴き出し始めたのもこの前後からだった。高度成長の反作用のように、全国のあちこちで深刻な公害が発生した。

水俣病（熊本県など）、イタイイタイ病（富山県）、四日市ぜんそく（三重県）など、連日のように報道が続いた。高度成長の波の中、企業の論理を優先してきた結果だった。ヘドロが堆積した海、汚染された川。汚れた空気のために太陽は霞んだ。

またこの年、〝交通戦争〟と呼ばれた交通事故による死者は、1万6765人と過去最高の数字を記録していた。日本社会は、様々な局面で戦後の矛盾を露呈していた。作家の三島由紀夫が自衛隊の駐屯地内で割腹自殺を遂げ、その壮絶な死も社会に衝撃を与えた。

不穏に幕を明けた1970年代、その幕開けに服部は帰国したのだった。

「解放されたという思いでしたか？　やっと中国を脱出できたような」

こう尋ねると服部は、

「うーん」

と、静かに唸《うな》り、天を仰ぐような仕草をしてこう続けた。

「そうした一面もあったかもしれないけれども……」

およそ50年も前のことだ。服部は昔の思い出をひとつひとつピンセットでつまむように、ボソボソと話してくれた。

「いや……、だって考えてもみてよ、今まで掘っ建て小屋とかテントなんかで生活していた人間が、いきなりビルディングの中で生活をするようになるんだよ」

ビルディングという言い方が可笑《おか》しかったが、服部の言う通りだろう。日本社会は高度成長の矛盾が噴出していた。しかし、服部のように、生きるか死ぬかの境目をさまよい続け、〝浮浪者のような生活〟、〝強制労働より何倍もひどい生活〟を強いられてきた者には、夜でも煌々《こうこう》とネオンが灯《とも》り車と人が溢れる街、分単位の狂いもなく走る電車や地下鉄の姿がどう映ったか。驚嘆と同時に、この近代化された街で生きていけるのか、中国で育った自分が日本人のように生活を送れるのか、不安でたまらなかったはずだ。

服部は、中国で最後まで異邦人であったように、帰ってきた祖国でも異邦人である自分を強く感じていた。

「一番良かったことはなんですか？」

こんな素朴な疑問を聞いてみた。服部は間髪入れずに、

「いっぱい食べれて、いっぱい飲めることだよ」

と答えた。日本に帰国した時、服部の体重はおよそ50キロだったという。ところが、帰国して数カ月で、

「体重が80キロ近くまで太って、これはまずいと思って、減量のために食べるのを減らそうとしたんですよ。飢餓に苦しんでいた男が不思議なもんでしょう？」

しかしその当時、これ以上食べれば身体に良くないとわかっていても、服部は食べ続けたという。自制しようと思っても、手は食べ物に伸びた。どうしようもなかった。

「安いお金でいくらでも食べられて、酒も飲めるんですよ。目の前にあるものを食べずに見過ごすなんてできなかった」

すでに70代後半となっている服部だが、今もって、中国で体験した悪夢に苦しめられているという。それほど、服部が生きた中国での27年間、その体験はどれも尋常なものではなかった。

服部は思い出す。丸太に縛り付けられ銃殺された、国民党員の断末魔の声を。服部は思い出す、餓死寸前の人間たちが、フラフラとくずおれた姿を。服部は思い出す、大学の恩師が、紅

衛兵たちになす術もなく殴られ続けていた光景を。服部が見続け、体験し続けた中国の現実が、悪夢となってまとわりつき、服部を苦しめた。

「今も夢に見るんだよ……、あの声やあの顔を……もう見たくなんかないのに……」

「えっ、今でもですか?」

「そうだよ。今でも夢を見るんだ、当時の……」

飢餓の記憶もそうだった。木の皮を剝がし、木の根をゆがいて食べた。藁が塗り込められた壁を壊し、藁を取り出して口にした。もう日本で飢餓の心配などないのに、飢餓の記憶は服部を追い続けた。食べ物や酒にどれだけ満足しても、飢餓の記憶は服部の脳裏に沈殿していた。

食べ物が突然目の前から消えてしまう、食べ物をくれと叫ぶ……。夢から覚めた服部は、冷蔵庫に走って乱暴にドアを開け、冷蔵庫の中にあるものを手づかみで口に入れることもしばしばあった。それほどまでに、飢餓の記憶は服部を支配していた。

「あのね、毎日毎日、大瓶のキリンビールが飲めるんですよ。原生林で木を切らなくても。零下20度に耐えなくても、日本ではキリンビールの大瓶が毎日飲めるんですよ」

服部は楽しそうに笑った。

「だからね、僕にとって日本はパラダイスだったよ」

「パラダイスですか?」

「そうだよ、パラダイスだよ」

服部は愉快そうに目の前の料理に箸を伸ばし、大好きな焼酎の水割りに顔を赤らめていた。

中国残留孤児が日中間の問題になるのは、1980年代に入ってからで、1970年に、服部のように一家で中国大陸から引き揚げてくるケースは、非常に珍しかったようだ。

帰国した服部は、連日のように、外務省アジア局中国課に呼び出された。服部と向かい合ったのは次席事務官で、名前を加藤といった。1967年から香港に滞在していて、日本には帰国したばかりなのだと、加藤は服部に告げた。

服部から連日中国の様子を聞き取っていた加藤は、外務省を辞した後、1972年の衆議院選挙に当選する。43歳の青年代議士の誕生だった。加藤は後に宏池会会長となり、総理に最も近い男と言われながら、「加藤の乱」で失墜し、最後は落選して政界を引退した。そう、あの加藤紘一《こういち》なのだった。

加藤は時に、

「僕の中国語はどうかな」

などと軽口をたたき、服部に自らの中国語を披露してみせた。たいして上手ではなかったが、

「上手だ」

と服部が言うと、加藤は嬉しそうに相好を崩した。

服部は、これからの生きる道を探すのに、加藤紘一に就職の世話を頼んだ。加藤は困惑の表情をみせたという。それはそうだろう。日本人とはいえ、27年間も中国で育ち、中国しか知らぬ者が、果たして日本で生活していけるのか。また、中国人として育ってきた〝日本人〟を、

どの企業が、どの組織が、どの団体が受け入れてくれるのか。3年間の香港生活から、帰ってきたばかりの加藤は悩んだ。

しかし、服部の優秀さは、加藤をホッとさせた。服部の地頭の良さ、また優れた学力については再三述べてきたところだ。服部はこうした学力に加え、複数の外国語を話すことができた。中国語はもちろんだが、ロシア語、また英語もたどたどしいが、話すことはできた。

中国がまだソビエト連邦と蜜月だった時代、学校での必修外国語はロシア語であり重要視もされた。では英語はどうかと言えば、文化大革命が吹き荒れた時代、紅衛兵の団体に入った服部は、日本人という出自が問題視され脱退を余儀なくされた。その反動もあって服部は一人で家にこもり、米国がプロパガンダのために流していたラジオ放送「VOA（ヴォイス・オブ・アメリカ）」を、自作のラジオでこっそり聞いて、勉強していたという。

加藤は、大学時代の友人がいるから、という理由で、ある会社を服部に紹介した。

「トヨタ自動車販売に、俺の同級生がいる。トヨタはどうですか？」

服部が初めて聞く会社の名前だった。聞けば、トヨタ自動車は日本一の自動車メーカーだという。しかし、服部はすぐにウンとは言わなかった。服部の望みは商社のような、海外との取引をビジネスにしている会社だった。販売のような、人に物を売るようなことはできないと思っていた。それ以上に、〝日本人〟に物を売ることなんて到底想像できなかった。

当時、トヨタは生産と販売が別々の会社となっており、生産を担う「トヨタ自動車工業（トヨタ自工）」、販売は「トヨタ自動車販売（トヨタ自販）」の2本立てになっていた。加藤が服部に入社を勧めたのは、販売を担うトヨタ自販だった。しかし、話を持ちかけられたトヨタも困った。服部のような人物を、中途とはいえ採用したことがなかったからだ。そこで、加藤らも交えて出た答えが、トヨタ自販、トヨタ自工の両社が折半で出資し、1968年に設立されたシンクタンク「現代文化研究所」に所属し、そこで日本の企業に慣れること、そしてトヨタの仕組みを学ぶことだった。現在もこのシンクタンクは、東京の靖国神社からほど近いところに存在している。

およそ1年間、服部はこの会社に通った。そして結果、服部は辞表を提出する。理由は、やはり営業のような仕事はしたくなかったからだ。商社ならば、自らのキャリアを生かせると考えたからだった。服部の辞表を見て、現代文化研究所の所長は驚く。いわば外務省から預かったという体裁を、気にするところもあったかもしれない。

所長は服部の商社で働きたいという希望を聞くや、こんな言葉を服部に投げかけた。

「服部さんは商社で働きたいというが、商社ということであれば、(トヨタ) 自販だって立派な商社だ。僕が (トヨタ自販の) 人事に掛け合うから」

こうして服部は、現代文化研究所の所長に連れられて、トヨタ自販の本社がある名古屋市に向かった。初めて新幹線を経験したのもこの時だった。

服部は初めて体感する速さに驚き、その振動のなさにも驚いた。服部は改めて、日本は中国のはるか先を行っている国であることを確信した。

名古屋のトヨタ自販本社では、人事担当の幹部が待っていた。服部はすぐに面接を受けると、簡単な筆記試験も受けた。一般常識のような問題と英語の試験だった。どちらも○×式の試験だったので、結果はすぐに出た。服部は、トヨタ自販の臨時採用職員として、採用された旨を伝えられた。

「えっ、僕は臨時採用なんですか？」

反射的にこう聞き返したように、〝臨時採用〟という扱いが許せなかった。

「臨時ならば採用してくれなくてもいいです。僕は別の会社に行くから」

慌てた人事担当は、

「便宜的な話ですから。すぐに正式採用に切り替えますから」

と、服部を宥《なだ》めた。服部にはプライドがあった。今は新幹線を走らせることはできないが、日本の数倍の人口を抱える中国の中で、最上位に近い学力を身に着けてきたという自負は持っていた。後年、トヨタ中国の最高責任者にまで登りつめ、豊田家の御曹司、豊田章男の社長誕生に少なからぬ影響を持つようになる男は、臨時雇いの職員として、トヨタでの人生を、日本人としての人生を歩み始めた。

１９７２年、服部が配属されたのは豪州、アジアを統括する「豪亜部」であった。服部は、29歳になっていた。

「豪亜部ってどんな仕事なんですか？」

「そりゃ、豪州だからオーストラリアとか、韓国やインドネシア、タイなんかが対象で、そこに車を売るんだよ。僕たちは、その営業のサポートのような仕事だった」

トヨタ自動車が、後に国民車と呼ばれることになる乗用車「カローラ」を発売したのが、1966年（昭和41年）。モータリゼーションが、日本にもやってきていた。カローラは爆発的に売れ、車の保有者数は急カーブで伸びていった。1970年（昭和45年）には、「4世帯に1台」という水準にまで達していた。

日本の自動車産業は、経済的な豊かさを求める国民によって成長し、高度成長を牽引していた。では、服部が仕事の領域としていた、アジアの状況はどうだったのか。

日本における急成長を受け、1960年代、トヨタは、販路をアジアにも求めるようになった。タイに「トヨタ・モーター・タイランド」が設立されたのは1962年（昭和37年）、インドネシアにジャカルタ駐在員事務所が置かれたのは1968年（昭和43年）、その前年、1967年には、フィリピンにマニラ駐在員事務所を置いている。

その動きに伴うように、アジアを含む世界への輸出台数は、成長の急カーブを描いた。1965年（昭和40年）、トヨタ自動車の輸出台数はおよそ6万3000台。翌年には10万台を超え、1970年には48万台へ、そして1976年（昭和51年）には100万台の大台を超える117万台へと、〝倍々ゲーム〟になった。

成長するアジア市場に合わせるように、服部の仕事量も増えていった。その頃の記憶は、がむしゃらに働き、

「早く出世したかった」

ことに尽きる。29歳の自分が、日本の平均的な大学を卒業したサラリーマンから年齢的に7年遅れていることは、服部を焦らせた。〝中国からの帰国者〟という奇異な存在として優遇されるのも、わずかな期間だろうと、服部は考えていた。と同時に、中国の激烈な学歴社会の中で屈指の重点校だった、ハルビン第三中学で常に首席を取り続けていた強烈な自信や自負が、服部にはあった。

服部にとって幸運なことに、服部がトヨタ自販に入社した頃、社長の豊田英二を筆頭に、中国に対してある種の郷愁にも似たシンパシーを持つトヨタの社員は、少なくなかった。

1972年の日中国交正常化の前後から、トヨタは日本企業の中でも積極的に、中国に関わってきた企業だった。トヨタのそうした姿勢は、1967年から1982年（昭和57年）の長きにわたって社長を務めた、豊田英二の考えによるものだった。

1964年（昭和39年）には、文化大革命前夜の中国に、「クラウン」を64台輸出している。要人の送迎に使うためのもので、これが戦後、トヨタが中国へ輸出した最初の自家用車だった。

そして1971年（昭和46年）、日中国交回復の前年には、トヨタはグループ会社である「日野自動車」の専務、荒川政司《あらかわまさし》を団長とする訪中団を派遣する。この訪中は、中国政府からの直々の要請を受けて実現したものだった。

荒川の左右を固めたのは、トヨタ自販副社長の加藤誠之《せいし》と、トヨタ自工専務の花井正八《はないまさや》。加藤、花井と、揃ってトヨタの重鎮を選んだのは、英二だった。この人選からも、英二の中国政府への配慮、中国を重く見ていたことがうかがえる。

この訪中のお返しのように、翌年9月から、中国政府は自国の「自動車工業視察団」を、トヨタの視察に派遣した。やってきたのは「第一機械工業部」、「第一汽車」、「上海汽車」、「天津汽車」などの技術者12名だった。

服部が、トヨタ自販に入社したのがまさにこの年だった。服部は世話役、通訳として、早速活躍の場を得た。この間の事情を服部は自ら、日本自動車工業会の広報誌「JAMAGAZINE」のインタビューで、こうまとめている（2004年。服部の肩書は「トヨタ自動車中国事務所総代表」）。

〈われわれが入社した1972年には日中間の自動車交流で、一大出来事がありました。初めて中国政府の自動車工業視察団が来日し、その際の受け入れ業務を担当させていただいたのです。日中国交回復直前で、それが日中間のオフィシャルの自動車業界の初めての交流だったと、私は認識しています。

もっとも、この工業視察団を受け入れる前の年の71年にトヨタグループの代表団が訪中しており、これがおそらく日本の、というより西側の自動車メーカー最初の訪中だったのではないかと思います。

よく、マスコミに誤解されますのは、トヨタグループの中国進出は遅れたという点ですが、例えば今申し上げた中国自動車工業視察団を受け入れた時点で、当時の豊田英二社長のほうから小型トラック現地生産のプラント輸出の提案をさせていただきました。しかし当時は、ご存じのように中国は文化大革命が終わったばかりであり、合併とか外貨導入という考え方すら持っていませんでしたから、結局は提案で終わってしまったのです〉

71年、72年というタイミングでトヨタ、中国政府双方で視察団を送り合ったことには、実務的以上に、政治的なメッセージが込められていた。なぜなら、72年は日中国交正常化のため田中角栄首相が訪中し、9月29日にセレモニーが行われることが決まっていたからだ。

特に中国側が送り込んだ視察団は、記念すべき9月29日を、愛知県豊田市のトヨタ本社で迎えることが決まっていた。9月半ばに来日した視察団は、挙母《ころも》町のトヨタの工場などを精力的に視察し、工場では、社長の英二自らが案内役を務めた。

この一行の通訳と世話役を務めたのが、服部だった。「トヨタ生産方式」を考案した技術者、大野耐一は、中国の技術者たちに自ら手取り足取りして、工場の現場で指導に当たった。トヨタは最高の態勢で視察団を迎え入れ、遇しもした。

服部がインタビューで話したように、英二はこの時、来日した視察団に対して、小型トラック「ダイア」を中国で現地生産したい、と伝えた。未来の巨大市場を睨《にら》んだ冒険的な提案だったが、中国社会そのものを荒廃させた文化大革命が終焉《しゅうえん》を告げてまだ間もないころで、中国政府は、トヨタの申し出に対応する術をもたなかった。

そして日中国交正常化調印式の当日。9月29日のセレモニーは、中国・北京から日本に、衛星中継されていた。

9月上旬から来日していた中国視察団の一行は、この歴史的な日を豊田市にあるトヨタ本社の一室で、トヨタの幹部とともに見守った。

田中角栄と中国の首相、周恩来、それぞれの調印が終わり、覚書きを交換して2人が固く握手を交わすと、期せずして、トヨタ本社の会議室から拍手が湧き起こり、トヨタの幹部と視察団の面々が、満面の笑みで握手を交わしたのだった。

この歴史的な一コマを収めた写真が残っている。双方ともに笑顔が並ぶ後方に、はにかんだような笑みを、わずかにたたえた青年が写っている。2年前に中国から帰国し、トヨタ自販に就職した服部悦雄であった。

ここで簡単に、トヨタと中国をつなぐ、戦前からの歴史について触れておきたい。

トヨタグループの創設者である豊田佐吉が、日本初の動力による織機である「豊田式汽力織機」を発明したのは1896年。豊田佐吉、29歳の時の発明だった。この「自動織機」によってもたらされた富が、世界一の自動車メーカーとなるトヨタ自動車の礎となって行く。

時代を画する発明からおよそ10年。1907年、佐吉が40歳の時、「豊田式織機株式会社」が設立され、佐吉は実業家としての地歩を固めていった。その佐吉の夢が海外進出だった。

1918年、トヨタ自動車の源流企業となる「豊田紡織株式会社」が設立され、経営の安定を見届けると、佐吉は現地調査のため、単身、上海に赴く。

アヘン戦争に敗れ、広州などとともに開港を迫られた上海には、英国を始めとした列強国が進出。それぞれの租界を作り、貿易港として発展していた。列強国に遅れまいと日本も租界を作り、上海貿易の権益を伸ばそうとした。豊田佐吉が訪れた時、上海にはおよそ1万8000人ほどの日本人が住んでいた。

豊田佐吉が中国進出の拠点として上海を考えたのは、「三井物産」の存在も大きかった。佐吉が発明した自動織機にいち早く目をつけその将来性を評価したのが、当時の「三井物産合名会社」、現在の三井物産である。三井物産は個人事業を、会社組織にすることを佐吉に提案し、三井物産が主導して、「豊田式織機株式会社」が誕生した。このように、豊田佐吉と三井物産との関係は、二人三脚のように進んでゆく。

三井物産を取り掛かりに、豊田家とトヨタグループは、三井財閥系の金融機関などと関係を深めながら成長してゆく。今でも、トヨタグループのメインバンクは旧三井銀行系の「三井住友銀行」であり、トヨタ自動車会長である豊田章男の妻、裕子は元三井物産副社長、田淵守《たぶちまもる》の長女だ。また章男の母、博子は、前述のように、三井財閥一族の伊皿子家8代目にあたる三井高長（旧三井銀行取締役）の三女でもある。

中国大陸に渡った佐吉は、上海を中心に、広州など現地の紡績業を自らの目で視察。現地にはすでに、先行する日本資本の紡績会社がいくつか存在していた。「上海紡績」、「大日本紡績」、「公大紗廠」。しかしどの紡績会社も、自動織機の導入は遅れていた。

勝機あり、と判断した豊田佐吉は、1919年、半ば永住する覚悟で上海に渡る。海外進出に反対する者たちに、佐吉はこう語ったと伝えられる。

「障子を開けてみよ、外は広いぞ」

また後年、反対の多いなか、上海に進出した理由を次のように述べている。

「中国は日本にとっては実に大事な国だ。政治の上からも、商業経済の上からも、どうしても中国と離れることはできぬ」

ベンチャー精神に富んだ発明家である佐吉は、諸々の理由はともかく、中国大陸の潜在的な市場価値、ポテンシャルを、皮膚感覚で理解していたのだろう。その意味では、人口10億人を超える中国大陸の潜在力は、今も昔と変わらない。

佐吉の直感は正しかった。1920年に建坪1万坪を超える大紡織工場の建設に着手し、21年には上海に、念願の「株式会社豊田紡織廠《しょう》」を設立する。中国の事業は上海を中心に順調に発展し、佐吉に莫大な富をもたらした。後々、こうして中国で蓄えられた富が、「豊田」の屋台骨を支える。佐吉の中国雄飛の夢が実現していなければ、豊田家が自動車製造業に進出することも、叶わぬ夢だったかも知れない。

1926年、豊田紡織が過半を出資する形で、自動織機の製作を行う「豊田自動織機製作所（現・豊田自動織機）」を設立。佐吉の没後3年の1933年（昭和8年）、佐吉の長男、喜一郎が、同社内に「自動車部」を設立した。その2年後に、「A1型試作乗用車」、「G1型トラック」を完成させ、1936年（昭和11年）、ついに「トヨダAA型乗用車」を発売し、トヨタは自動車を世に送り出すことに成功する。自動車部ができてから、わずか3年後のことだった。

翌1937年（昭和12年）に自動車部を分離、独立させ、「トヨタ自動車工業株式会社」は誕生した。

しかし、上海の豊田紡織廠から自動織機、さらに自動車への大成功は後年、世界を代表する自動車メーカーとなったトヨタに、思わぬ形で返ってくる。

1978年（昭和53年）10月の鄧小平の訪日でのことだ。

中国国家そのものを著しく停滞させた文革の傷が癒えないなか、中国の最高指導者となった鄧小平は、国の発展を外資の導入に賭けた。頼りにしたのが、隣国である日本だった。戦後、わずか20年足らずで奇跡の経済成長を遂げた日本に、鄧小平は世界から取り残された、中国の現状を打破する答えを見つけようとしていた。

文革が終わり名誉回復されたとはいえ、当時の鄧小平はまだ国務院副総理（副首相に相当）であり、国家主席ではなかった。しかし日本側は、「中国の最高実力者」として鄧小平を遇したので、天皇との面会も叶った。行く先々に報道陣が群がり、鄧小平は、中国国旗「五星紅旗」で熱烈に迎えられた。

鄧小平は一分たりとも見逃すまいと、日本社会や経済界を、そして日本の生産現場を見て歩いた。新幹線の中で乗り心地を聞かれた鄧は、その童顔に笑みを浮かべ、

「速いね」

と言ったあとに、

「ムチで追い立てられているようでもある。けれどこの速さも我々に必要だ」

と、ユーモラスな感想を漏らした。

多くの生産現場を視察した鄧小平だが、その中でも目を凝らして見たのが、千葉県君津《きみつ》市にある、新日鉄の最新鋭の工場「君津製鉄所」だった。「歓迎　鄧小平副総理」と書かれた横断幕、製鉄所の職員が手に持つ「五星紅旗」の小旗に迎えられた鄧は、上機嫌だった。

製鉄所に入ってしばらく、鄧は製鉄所内のあちこちに植えられている草花、各所にある花壇で咲く花々を見つめ動かなかった。日本人からすれば、なんの変哲もない花壇に咲く花だった。花壇に目を据えたまま、鄧小平は彼に寄り添う通訳ら随員に、何事かを囁《ささや》いていた。当時の経団連会長、土光敏夫とともに、中国には並々ならぬ思いを抱いていた新日鉄会長の稲山嘉寛《いなやまよしひろ》は、怪訝そうな顔をして、鄧の表情を読み取ろうとしていた。鄧の通訳が、口を開く。

「中国の製鉄所で働く同胞は、いつも汗まみれで、口を開けば『暑い、暑い』としか言わない。けれども、日本では製鉄所の中に花が咲いている。暑さも何も感じない。快適そのものだ。日本の製鉄所には花が咲き、我が中国では汗まみれの同胞しかいない。これはどうしてなのか？」

稲山らは今まで考えたこともない鄧の感想に、どう答えていいかわからなかった。日本では新日鉄に限らず、労働環境整備のため、工場にはできるだけ樹木を植えたり、花壇を作って花を絶やさぬようにしていた。ごく当たり前のことだった。

製鉄所の内部に足を踏み入れた鄧は、さらに驚き、視線をあちこちに移しては、巨大な製鉄所のすべてを目に焼きつけるように凝視していた。鄧はたまりかねたように、中国語で稲山に話しかけた。中国語を理解しない稲山は、通訳に顔を向け彼女の言葉を待った。それも稲山にとっては、とても意外な言葉だった。

「『今日はこの施設は休みなのか』と聞いています」

稲山の「休みではなく、朝からずっと稼働している」という言葉を、通訳が鄧小平に伝えると、鄧は驚きの声を発する。

「働いている人がいないじゃないか」

稲山は、すぐにその「人がいない」理由を説明した。

「製鉄所の（生産）ラインは、すべてコンピュータシステムによって管理されているから、人がいなくても大丈夫なんですよ」

「コンピュータ」という言葉を聞き、鄧は何とも感じ入ったような表情を見せた。

日本は米国や英国と同じ資本主義の国。資本主義は欲望に塗れ、世界を、人間を堕落させるシステムだと、当時の中国では教えていた。ところが、巨大な工場をくまなく見て回った鄧小平ら一行は、行く先々で混乱していた。新日鉄の製鉄所で、「松下電器産業」の門真《かどま》市の本社で、「日産自動車」の座間《ざま》工場で、鄧小平らが目撃した日本の労働者は、中国の労働者のようなランニングシャツ姿ではなく、皆一様にきれいなユニフォームをまとい、実に勤勉に働いていた。資本主義に管理はないと思っていたのに、日本の労働者は見事に統制され、しかも、会社の管理に不平を持っていない様子にも驚いた。

――資本主義国家、日本こそ、共産主義国家、中国が目指すべき姿ではないのか。

日産自動車の座間工場では、生産ラインに、数多くのロボットが据えられていた。労働者が群がり、アリのように働いている中国の工場とは、真逆の光景が目の前に広がっていた。座間工場で、鄧小平は日産自動車の同行者に尋ねた。

「不良品はどこにあるのか?」

緊張した表情で通訳の言葉を待っていた、日産幹部の顔は思わずほころんだ。

「不良品はほとんど出ませんから……。今日もまったく不良品は出ていないようです。だいたい、不良品が工場に目立って置かれるようでは、日産は潰れてしまいますよ」

幹部はそう言って、工場内を見渡して笑ってみせた。

しかし、鄧には笑い事ではなかった。中国のどの分野のどの工場でも、完成品と同量の不良品が、山のように積まれていたからだ。中国の工場では当たり前の不良品が、日本ではほとんどないという。どうしてなのか? 鄧にとって、日本の工場で見せられたものは、〝奇跡〟のような光景だった。どうすれば、不良品の山を抱える中国の工場を、日本のようにできるのか? 焦土からわずか20年余りで、世界第2位の経済大国に成長した日本の秘密を知り、中国に移植したい。鄧は日本各地を訪れ、最先端の工場を目の当たりにする度に、その思いを強くした。

日本を離れるにあたり開かれた記者会見は、鄧の独壇場だった。

「近代化とはどういうものかわかった」

鄧はこんなウイットに満ちた表現で、中国の現状を語った。

「中国が、経済的にひどく遅れていることがよくわかった。まずそれを認めないといけない。正しい政策を作るには、学ぶことがうまくなければならない。そうすれば、海外の進んだ技術と管理方法を、我々の発展の起点とすることができる。まず必要なのは、我々が遅れていることを認めることだ。遅れていることを素直に認めれば、希望が生まれる」

そしてこんな喩《たと》えで、中国の立ち遅れを表現してみせた。

「顔が醜いのに美人ぶっていてもしょうがない。美人ぶってはいけない。中国は経済的な遅れを素直に認めないといけない」

日本のメディアだけではなく、アジア、米国、欧州などから駆けつけたおよそ400人あまりの記者たちは、鄧のチャーミングな表現に爆笑した。鄧小平が行くところ、常に笑いがあり、明るさがあった。

1931年、鄧小平は27歳の時に、ソビエトコミンテルンに忠実な一派から追放され、1966年、62歳の時に〝走資派〟、つまり資本主義におもねる権力者と批判され、68年、すべての権力を剝奪された。二度の追放から蘇ってきた鄧は、権力とは何かを熟知し、人を魅了してやまない可愛げを身に着けていた。

そして、記者から日本に何を期待するのか、と聞かれた鄧は、ゆっくりとした口調ではっきりこう言った。

「日本には我が国を助けて欲しい。科学、技術、資金さえも、日本にはお願いしたい」

微かに笑みを浮かべると、こう続けた。

「日本からたくさん教えてもらいたい。それが上手く行かない時は、生徒（中国の意味）が悪いんじゃなくて、先生（日本の意味）が悪い」

再び会場は笑いで包まれた。鄧小平は魅力に溢れた権力者だった。

この訪日の際、鄧小平から当時トヨタの社長だった豊田英二に、中国進出の要請があったことは、あまり知られていない。

鄧小平と豊田英二が言葉を交わしたのは、経団連ら経済団体が共催した鄧小平歓迎パーティの席だった。

英二に対面した鄧小平は、笑みを絶やさなかった。日本中を魅了した、どこか悪戯っ子のようなあの笑みだった。

鄧は、豊田紡織廠が1921年に上海に設立されたことから、諄々《じゅんじゅん》と話し始めた。通訳に耳を傾け、英二は鄧の表情を見つめ続けた。鄧と英二の周りには、いつしかゆるやかな人垣ができていた。

鄧は豊田紡織が、中国でいかに発展したのか、中国でどれほどの富を蓄えたのかを話し、英二は黙って、それを聞いていた。鄧が尋ねた。

「中国での豊田紡織の成功がなければ、今のトヨタ自動車はなかったと聞いていますが、豊田さん、それは本当ですか?」

鄧は小さな体をわずかに近づけて、英二の顔を覗き込むように見つめた。笑みこそ絶やさなかったが、その様は、狙いを定めたものは逃さない迫力があった。英二は静かに口を開いた。

「私自身、中国へは何度か行かせて頂きました。初めて上海に連れていってもらったのは、私がまだ8歳の時でした。豊田紡織を作った（豊田）佐吉さんに連れていってもらいました」

英二は中国での思い出話に、花を咲かせた。少年時代に、創業者であり伯父でもある豊田佐吉に連れられて、上海を訪れた。その19年後、再び豊田英二は、中国大陸の土を踏む。その体験を、英二は次のように書き記している。

〈この年（昭和14年）にトヨタは日中戦争との関連で、中国に本格進出することになり、天津に「北支自動車工業」を設立した。

（昭和）十五年には工場もでき上がり、その披露も兼ね、喜一郎（佐吉の長男。英二から見ると従兄弟）と一緒に中国に渡った。竣工式への出席といえば格好はいいが、実態は巡回サービスである。

トヨタのトラックはすでに中国へ輸出していたが、故障ばかりしてうまく走らないという苦情が相次いでいた。そこで天津工場の竣工式に出るのを機に、巡回サービスに行くということになったわけである。

中国には七月、八月、九月の三カ月間いた〉

〈中国市場についていえば、陸軍が満州（現中国東北地方）は日産、それ以外はトヨタというようにテリトリーを決めていた。だから天津工場の竣工式に出席した後は、トヨタのテリトリーにある陸軍の部隊を歴訪して、トヨタ車の苦情を聞いて歩いた。

中国は広く、日本が占領していたのは文字通り「点と線」でしかなかったことを、身をもって感じた。その線が時々、切断される〉（『決断　私の履歴書』日本経済新聞社）

前述のように、「トヨタ自動車工業」が設立されたのは1937年。翌年には本格的な工場を愛知県挙母町に作り上げた。同じ年に天津に、1939年（昭和14年）には上海に、自動車組立工場が完成している。その後、両工場からそれぞれ分離・独立する形で、新しい会社ができた。1940年、軍用トラックを生産する「北支自動車工業」が北京を本社にして、1942年（昭和17年）には上海に「華中豊田自動車」が設立された。トヨタ自動車工業ができてわずか3年あまりで、トヨタは本格的な中国進出を果たしたのだった。

陸軍のために軍用トラックを生産していたことは、日中国交回復後のトヨタにとって、喉に刺さった小骨のような不都合な真実でもあった。当然、鄧小平はこうした事実も知っていた。

中国大陸での成功は、「豊田」に莫大な富、自動車という未知の分野への挑戦を可能にする富をもたらした。自動車産業に乗り出したトヨタは、戦前の中国大陸で陸軍に軍用トラックを提供し、さらに富を蓄えていた。

英二と談笑していた鄧小平は、まっすぐに英二の目を見つめ、右手を差し出して握手を交わした。握手した両手を上下に振りながら、鄧は言うのだった。

「中国は、トヨタが来てくれることを待っています」

戦前、中国大陸で紡織で稼いだトヨタは、その恩を今度は自動車で返す時だと、鄧小平は英二に伝えたのだった。

鄧小平は、戦前からの関係だけで、やんわりとした〝恫喝〟にも聞こえるような言葉を選んだわけではない。戦後、豊田英二は積極的に、中国に関わろうとしてきた、その想いを、鄧小平は知っていた。中国大陸で蓄えた富がなければ、トヨタに自動車製造に向かうような余力はなかった。その意味で、トヨタ自動車にとって、中国大陸は〝揺籃《ようらん》の地〟ともいえる存在であり、そのことを誰よりも英二は重く受け止めていた。

中国に深い想いを持つトヨタの幹部は、英二だけではなかった。「トヨタ生産方式」の生みの親、大野耐一も、戦前の大連で生まれている。その大野が、生まれ故郷でもある中国大陸に戦後初めて渡ったのは、1977年（昭和52年）のことだ。日本自動車工業会の、訪中団の団長としての訪問だった。

入社6年目の服部は、その通訳として同行した。日中国交正常化から5年、大野たちが直接指導に当たったのは、中国最大手の「第一汽車」だった。この頃、第一汽車はすべてを自社で調達し組み立てる、「一貫生産体制」での生産を行っていた。

大野が指導した内容は、第一汽車の生産管理から品質管理、工場の安全にして効率的な管理といったものまで、多岐にわたった。しかし当時、中国の企業、もちろん国営企業なのだが、その企業や企業を運営する共産党幹部に、〝競争〟という概念は存在していなかった。

大野が見た第一汽車の工場は、工場と呼べる代物ではなかった。その象徴が、工場の傍らに積み上げられていた、不良品の山だった。最初、大野はそれが何か、よくわからなかったようだ。

「あれは何ですか?」

こう尋ねた大野に、第一汽車の工場を預かる責任者はこともなげに、

「製造に失敗した不良品です」

と言うのだった。

驚いたのは、大野だった。これほどまでに不良品の山を築くのは、技術者の恥である。そして、工場の最高責任者に、これだけの不良品を出しながらまったく恥じた様子がないことも、驚きだった。改めて大野は、工場をつぶさに見回してみた。日本の工場ではまず第一に叩き込まれる整理整頓が、まったくなされていなかった。日本では工具はパレットに収納して、作業現場に置かれる。床などに直接置くことは絶対にしないし、置こうものなら、先輩にどやしつけられた。大野がさらに仰天したのは、工場のあちこちにタバコの吸殻が落ちていたことだった。共産国の工場とはこういうものなのか？　これが社会主義の特色なのか？　大野はこんな感想を、通訳を務めていた服部に漏らした。

「服部君、活気がないと思わないか。中国の工場はこんなものなのか」

27歳まで中国で育ったとはいえ、工場現場で働いた経験のない服部には、答えようがなかった。しかし、薄々察しがつくところはあった。それは、共産主義国家の中国では、〝品質〟といった概念が存在しなかったことだ。毛沢東が、イギリスの鉄鋼生産量を追い抜く、と宣言した「大躍進政策」。服部が中学生の時だった。中国全土に粗末な土法高炉ができ、今まで作業などしたことのない素人が、地域の共産党員の指導を受けて製鉄に邁進した。

「100万基の溶鉱炉で、6000万人の人民が生産する」

これが合言葉だった。

しかし、製鉄に必要な鉄鉱石が不足しており、高炉には農民から取り上げた鍬や鋤などが放り込まれた。〝鉄らしきもの〟を作り出すために、日用品である鍋や薬缶も高炉に投げ入れられて、共産党から指示された生産量のノルマを果たした。共産党も幹部も、ノルマを達成することだけが目的で、品質などまったく問題にしなかった。こうした中国共産党のありようを体験的に知っていた服部は、大野に自らの体験を話し、

「共産党には結果がすべてであり、競争もなければ、ましてや品質競争などはない。だから、決められたノルマを果たせば、それでいいという考えなんですよ」

そして服部は、こう付け加えることも忘れなかった。

「大野さん、この国には、お客さんという考え方はまったくありませんから」

大野は、不思議の国に迷い込んだようだった。第一汽車の工場は大野が手塩にかけて育んできたトヨタのそれとは、異次元の世界だった。

「これが計画経済なのかね、服部君」

共産国家、中国の〝売り〟は、一部の人間が経済的に困窮しない平等と、それを支える計画経済だった。計画経済を標榜《ひょうぼう》しているものの、大野の目には、とても〝計画〟があるとは思えなかった。

大野は、工場の隅に積まれている不良品の山を指差して、

「なぜあれほどの不良品が生まれるのか？」

と、中国側の責任者に、単刀直入に質問してみた。中国側の答えに大野は愕然とする。

「どれも同じやり方、同じ製造方法でやっている。その中で不良品が出ても仕方がない。我々は（共産）党が定めた通りの方式、方法で、すべてを忠実にやっている」

大野の驚きをよそに、責任者は共産党の要求を忠実に実行していると、胸を張るばかりだった。

大野は、次のように諄々と説いた。

――自動車産業はもちろんだが、多くの日本の産業が、米国で作り出された「品質管理（QC）」や「総合品質管理（TQC）」を学んできた。ただ、それらはあくまでも米国の風土で生まれたものなので、日本の風土、労働環境に合わせて、改良を重ねてきた。トヨタ生産方式も、そうした経緯を経て出来上がった。

我々技術者はただ製品を作ればいいという訳ではない。昨日より良い製品を作り出すことを目標にしている。そのために必要なのは、よく準備した計画であり、その計画を実行する力、そしてできたものを確認することだ。不良品が出ることは、技術者として恥ずかしいことではあるが、問題はそれをいかに改善していくかだ。どこに問題があるのか。材料が悪いのか、工程を間違えたのか。手順の問題なのか、工具がダメなのか。技術者は、不良品が出た原因を徹底的に究明し続けることだ。次から不良品を出さないことが、とても重要なのだ。

日本の技術者ならば当たり前のことであったが、中国人の技術者たちにとっては、まったく目から鱗《うろこ》が落ちるような体験だったようだ。

第7章

日米自動車摩擦の代償

鄧小平が来日した翌年の1979年（昭和54年）――。

服部の人生において、鄧小平以上のインパクトを持つ男が、出現した。後にトヨタ自動車の社長を務め、日本経団連の会長として、日本経済の〝顔〟になった奥田碩だ。〝島流し〟のようなフィリピン駐在から、トヨタ自動車販売（トヨタ自販）本社に奇跡的にカムバックし、「豪亜部」の部長として、服部の上司に就任したのだ。服部の地位は「課長補佐」だった。

自信満々で自尊心の強い服部は、見ようによっては傲慢と捉えられてしまう。だが奥田は、服部の持つ戦略家気質、自負心の強さを見抜き、抜擢した。トヨタの中で異端視され、実際に異質なトヨタマンだった奥田だからこそ、服部を評価し、積極的に使うことができた。

そうした背景には、若くして辛酸を嘗めてきた、奥田自身の生い立ちが深く関わっている。

ギャンブルを含め、勝負事を好んだ奥田の性格は、証券会社（奥田証券）を営み、相場師として名を馳せた祖父、喜一郎の血だと言われていた。芦屋に豪壮な別邸を構えるような祖父のおかげで、幼少時代の奥田は贅沢な環境で育てられた。だが、敗戦が奥田の人生を一変させる。

敗戦直前の三重県津市への空襲で実家は全焼。そして戦後、大家族が身を寄せて生活するなか、唯一の頼みの綱だった奥田証券が破綻。奥田の生活は困窮を極めた。

高校には通えたものの、生活費のために修学旅行へは行けなかったという。周囲の援助があり、奨学金をもらいながら一橋大学に進んだ。12歳から始めた柔道は、高校、大学と生活が苦しくとも、止めようとはしなかった。「勝つまで止めなかった」と一橋大学時代の同窓生が話すように、柔道は奥田の性格に合っていた。体力だけでなく、その戦略性、緻密さ、繊細さと大胆さ……。対戦相手に、「止めて欲しかったら負けろ」とまで告げた奥田は、柔道に人と勝負する上での機微を学んでいた。

1955年（昭和30年）、奥田はトヨタ自販に就職する。入社した奥田は経理畑を歩んだ。身長180センチの長身を丸めるようにして算盤《そろばん》を弾いた。3年目にして「総勘定元帳」、すべての科目の取引を記録した帳簿の管理を任されると、奥田は、駆け出しのサラリーマンとは思えぬ行動に出る。それが上司であろうと役員であろうと、奥田は帳簿を持って、「この取引なんですが……」と、取引の不明朗さを徹底して追及した。

奥田の闘争心は上司でも役員でも、容赦はなかった。直情径行な社員は経理のみならず、トヨタの中で相当に浮いた存在だった。出世への影響も恐れぬ駆け出しは、社内では珍しくギャンブルをしていることを公言し、酒も飲んだ。

40歳の時、「経理は飽きたから」という理由で、東南アジアへの転出を自ら希望する。奥田碩、不惑の決断だった。トヨタ社内では〝島流し〟、つまり左遷と受け止められ、フィリピンでの駐在は6年半に及んだ。しかし、豊田章一郎の娘夫妻（厚子と、夫の大蔵省官僚・藤本進）の面倒を献身的に見たことがきっかけで、章一郎の目に留まり、奥田は本社に復帰した。この詳しい経緯は、すでに触れた。

奥田は豪亜部で、異色の経歴を持ち、野心的な服部を見出《みいだ》す。服部が中国に27年間もいたことも、奥田の興味を刺激した。これも先にも述べたが、奥田の妻、恭江の父は、戦前に中国大陸にあった、トヨタ自動車の現地生産会社「北支自動車工業」にいた技術者で、豊田英二とは昵懇の間柄だった。恭江は大連で育ち、敗戦を青島で迎えた。こうした背景も、奥田が服部に親近感を持つ一因となっただろう。

「僕はね、奥田さんのことなら何でも知ってるよ」

服部は愉快そうに笑った。

服部の目にも、奥田は変わった存在として映っていた。どちらかといえば、上司からの命令や指示を粛々とこなす、大人しい社員が多いトヨタにあって、奥田は明らかに違った。

「大人しく机に座っていられない人だったな、奥田さんは」

服部が懐かしそうに話す通り、奥田はじっとしていることが性に合わなかった。

豪亜部長になるや、一時は撤退していた台湾や韓国に何度も足を運び、再進出を決めてきた。服部はじっとしているのが苦手な奥田と、何度となく出張に出かけた。

「服部の半分は中国人なんだ」

奥田はこう公言して、服部を可愛がった。奥田は、服部が最も濃密な付き合いをした上司であり、トヨタの社員だった。

奥田の豪亜部長時代、中国からビジネス関連の要人が来ると、奥田はホスト役を、よく服部に任せた。時には奥田が妻を同伴して参加することもあった。明るく、物怖じしなかった奥田の妻は喜んで、時には中国語も交えて、要人との座を盛り上げていた。

服部は部長の奥田とともに、アジア諸国に出張に出かけた。韓国、タイ、インドネシアなど、トヨタがアジアに対して本格的に進出を始めた頃だった。奥田は、新しいマーケットの開発に嬉々《きき》として取り組んでいた。トヨタ車の性能の高さ、メンテナンスの細やかさを強調して、「世界中でここまで出来るのは、トヨタだけですよ。トヨタと一緒に発展しましょう」と、押しの強いイメージとは裏腹に、低姿勢な柔らかな物腰で、きめ細やかに売り込みをしていた。服部が奥田を語る時、必ずと言っていいほど、

「奥田のオッサン」

という言い方をする。ぞんざいなわけではなく、服部が奥田を語る時は、語感に愛情と親しみがこもる。

「奥田のオッサンも、経団連の会長までやって、たくさん知り合いはいるはずなのに、多分、今会っているのは僕だけだよ、きっと」

服部は何度となく、奥田と海外に出かけた。奥田ははっきりと物を言うし、その戦略、決断は大胆だった。好んで博打もするし酒も飲んだ。トヨタの中では目立つ存在だった奥田を、豊

田英二は可愛がった。奥田も海外出張から帰国すると、必ず英二のもとに報告に行っていた。

奥田も服部も、酒が好きだった。飲めばやはり本音も聞けた。

「服部、お前はどう思う、サラリーマンとして」

こんなぶっきらぼうな言い方で始まる質問を、奥田から何度かされたことがある。

「サラリーマンで会社に入って、みんな社長を目指すよな。でも絶対になれないのがトヨタなんだよ。株式会社だよ、トヨタは。でも、なれない」

「豊田家があるからですか」

服部の言葉に奥田は、

「そうだよ。豊田の家に生まれれば社長になれるんだよ。でも豊田の家に生まれないと社長になれない。変だと思わんか、服部」

「奥田さんは、そんなに社長になりたいの？」

少し茶化すように言うと、奥田も笑いながら、

「俺みたいな酒は飲むわ博打はやるわじゃ、とてもとても……」

と言って、右手を左右に振ってみせた。

「ついでに女もでしょう？」

服部が左手の小指を出しながら笑うと、

「そんなこと言うなよ、お互い様だ」

と、奥田は鷹揚に笑い飛ばした。

何かにつけて豪放磊落《ごうほうらいらく》なイメージの強かった奥田だが、服部は、その奥にある繊細さにも気づいていた。海外出張で時には同じ部屋で眠ることもあったが、服部は、奥田が〝睡眠薬〟を飲んでいるのを知っていた。ある日、思い切ってそのことを奥田に言うと、

「知ってたか……」

と、さして驚いた風はなく、淡々とした口調で、

「あまり他には言わんでくれ」

と言ったきりだった。

奥田は服部を積極的に用いてくれた。服部の経歴や物事をはっきり口にする態度から、服部を持てあまし気味だったそれまでの上司とは明らかに違った。

「服部を連れて行って正解だった。よくやってくれた」

奥田からこう褒められたのは、1980年（昭和55年）5月30日のことだ。日付までよく覚えているのはこの日、中国の国務院総理である華国鋒《かこくほう》を、トヨタの本社と工場に迎えた特別な一日だったからだ。

絶対的な存在だった毛沢東の死後、江青ら四人組を逮捕し、文革の終了を宣言した華国鋒だったが、その政治基盤は弱かった。元々が毛沢東に見出された華国鋒は、四人組逮捕にも文革の終了にも消極的だった。1980年5月の訪日では、中国の指導者として、大平正芳《まさよし》総理と会談、昭和天皇に謁見したものの、9月に国務院総理を解任。翌年には、党中央主席・党中央

軍事委員会主席の座を降ろされ、党中央主席（後に総書記）に胡耀邦《こようほう》が、党中央軍事委員会主席に鄧小平が就任した。国務院総理に趙紫陽を据えたのも鄧小平で、権力は、鄧小平に集中した。

東海道新幹線で名古屋にやって来た華国鋒を、豊田英二は、わざわざ駅で出迎えた。名古屋駅からトヨタ本社までは、特別に誂《あつら》えた豪華なリムジンバスを用意していた。

華国鋒は、トヨタのもてなしに当初は上機嫌であったが、途中から不機嫌になり、そして、怒り始める。山西省出身の華国鋒の〝訛《なま》り〟が強く、トヨタ側が用意した通訳が緊張もあって十分に聞き取れず、英二との会話がちぐはぐになってしまったからだった。

その場を救ったのが、服部だった。奥田の指示でリムジンに待機していた服部は、窮状を救うために、通訳を買って出た。

服部が突然出てきたので、華国鋒が、

「なんだお前は」

と、語気を荒らげる場面もあった。

「主席」

服部は自己紹介を手短かにすると、

「主席の言葉が〝個性的〟で、通訳はその個性を理解できないようです。私は理解できますので、安心して私に話してください」

と伝えた。服部は〝訛り〟という言葉を使わずに、〝個性的〟という言葉で、中国の総理を傷つけることなくスムーズに会話を進行させた。

かつて〝日本の小鬼〟とバカにされ、文革の時代には、紅衛兵の監視下で過酷な強制労働を強いられてきた人間が、中国共産党の最高実力者と普通に言葉を交わした。

服部の脳裏に、どんな思いがよぎったのか。

「〝日本の小鬼〟と苛められてた男だ、と言ってやろうかと思ったけれど」

服部は笑った。

「なんか普通っていうか、僕はね、中国共産党の怖さを嫌って言うほど見てきたし、酷い目にも遭ってきた。共産党はね、集団なんですよ、組織なんですよ。組織になると、あれほどに怖いものはないんだ」

怖いのは、個人ではなく組織。中国共産党のトップに対して、怒り、恨みという感情は湧きもしなかった。それより、服部は気づいていた。2年前、1978年の鄧小平の来日以降、中国が自らの経済発展のモデルとして、本気で日本に学ぼうとしていることを。そして、自動車産業を育てるために、中国がトヨタ自動車の助けを必要としていることも……。

鄧小平の来日と前後して、「第一汽車」の幹部がトヨタ自工本社（名古屋）を訪問し、研修を受けていった。この際、第一汽車側から、トヨタ幹部に対して再訪中の要請があり、トヨタも誠実にその依頼を実現させてゆく。

〝鄧小平ブーム〟が収まった1978年11月、トヨタ自工は、生産管理の責任者で常務の楠《くすのき》兼敬《かねよし》を団長とした一行を、第一汽車に派遣。第一汽車が生産しているトラック「開放号」の生産ラインの視察と指導を行った。

トヨタと中国の交流は1980年代に入り、さらに加速する。

1981年（昭和56年）、大野耐一（当時は相談役）が再び、第一汽車を訪問。同社の幹部を集めて、「トヨタ生産方式」の講義を実施。その一方で、トヨタ生産方式に沿ってトラックの足回りを生産するラインを、モデルケースとして作ってみせ、第一汽車の技術者に実際に運用させることもした。大野は献身的に、第一汽車の技術者に、トヨタのすべてを伝授しようとしていた。

1984年（昭和59年）12月、「広州汽車」で、「トヨエース」のダブルキャブ（後部にも座席があるトラック）の技術支援。同年、グループ会社「ダイハツ」が、天津市に本拠を置く「天津汽車」に、「ハイゼット」（軽貨物車）の技術支援。さらに1988年（昭和63年）には、「金杯《ジンベイ》汽車」が生産する「ハイエース」への技術支援も行った。トヨタ社内では、金杯汽車への資本参加も検討されたが、他社が出資したために断念した。

日中国交正常化以降、特に鄧小平が来日して以降、日本の製造業の中国に対する協力は惜しみないものだった。多くの製造業の社員が中国大陸に渡り、先進国のトップランナーとなった日本の製造業の技術、ノウハウを授けていった。その意味では、2000年以降に急激な経済発展を遂げ、GDP（国内総生産）で日本を抜き世界第2位の経済大国となった中国のインフラ技術に、日本の寄与するところは非常に大きかった。無償の技術指導を惜しみなく行ったという点では、トヨタもそうだった。

しかし、トヨタの中国へのアプローチがビジネスとして実を結ぶまで、さらに時間を要することになった。１９８０年代、トヨタにとって喫緊の課題は、中国よりも米国にあったからだ。

１９７３年（昭和48年）、第４次中東戦争に端を発した第１次オイルショック、そして78年（昭和53年）のイラン革命によって引き起こされた第２次オイルショック、この２つのエネルギー危機は、世界経済に急ブレーキをかけた。戦後、日本を牽引してきた高度成長に終止符が打たれたのも、第１次オイルショックの影響だった。世界経済を麻痺させたエネルギーショックだったが、とりわけ深刻な影響を受けたのが、米国の自動車産業だった。

ガソリン代の急騰によって、燃費の良い、日本車の輸入が米国で急増。世界の自動車産業の代名詞で〝ビッグ３〟と呼ばれた「ゼネラルモーターズ（ＧＭ）」、「フォード・モーター」、「クライスラー（現・フィアット・クライスラー・オートモービルズ）」は、急速に業績を悪化させた。特に、クライスラーは巨額の赤字を抱え、ウォール街では公然と経営破綻が語られるほどだった。

自動車の街、ミシガンには、自動車産業の凋落とともにレイオフ（一時解雇）された労働者が溢れた。１９８０年の年明けには、その数は30万人にも及んだ。米国経済の柱とも言える自動車産業の崩壊は、政治問題化する。矛先は米国市場を席巻する日本車であり、日本だった。

カーター政権からレーガン政権の12年間にわたって駐日大使を務め、親日家を公言していたマイケル・マンスフィールドでさえもが、

「日米自動車問題は、弾薬庫にある爆弾の導火線に火がついた状態にある。この問題が大きくなるのは、何としてでも避けなければならない。放置すれば、大きな政治問題となる」と発言するほど、抜き差しならぬところまで来ていた。

日本の自動車業界は、手をこまねいて事態を見ていた訳ではない。通商産業省（現・経済産業省）の働きかけ、日米の政治的な力学もあったが、業界は、相当に早い段階から生産拠点の海外移転はやむなし、という方向で動いていた。

1980年、いち早く本田技研工業（ホンダ）が、米オハイオ州での現地生産の意向を表明し、同年から生産を開始する。それに続き業界第2位の日産自動車も、同州での現地生産を、1983年から開始すると発表した。

しかし、米国の苛立ちは収まらなかった。

大統領も動かすと言われるほどの、政治的な影響力を誇る全米自動車労働組合（UAW）などは、日本車の急増で、米国の自動車産業は甚大な被害を受けていると、自動車産業の救済を求めて米国国際貿易委員会に提訴。日米自動車摩擦は、さらに両国間の抜き差しならない政治問題の度合いを強めていく。その大きな原因の一つは、日本のトップメーカーであり、世界的にも影響力を持つトヨタが、具体的な案を打ち出さないからだといわれていた。

しかし、トヨタは水面下で、日本車の輸入制限という最悪なシナリオを回避するために動いていた。トヨタ自動車工業社長の豊田英二、トヨタ自動車販売社長の豊田章一郎が考え出した案は、ホンダや日産の現地生産の計画を、はるかに超えるものだった。トヨタの交渉相手は、世界最大の自動車メーカーGMではなく、フォード。豊田英二は、次のような大胆な案をフォード側に投げかけていた。

それはまず、両社が出資して合弁会社を米国に設立。トヨタが開発した排気量2000ccクラスの小型乗用車を、フォードの遊休工場で年間20万台程度生産し、それぞれの販売チャンネルで売るというものだった。この案には、政治的なメッセージも含まれていた。1979年5月2日、訪米した大平正芳首相に対し、大統領のジミー・カーターから、「日米メーカーによる共同生産をしてはどうか」という提案があり、トヨタの案はそれを念頭に置いて考え出されたものだったからだ。英二が、ここまで政治色の強い案を打ち出した背景には、日米自動車摩擦の深刻さがあった。ハンドリングを一歩間違えれば、巨大なアメリカ市場から締め出されてしまうという危機感を、英二は強く持っていた。


またこの時期、トヨタも、創業家である豊田家も、大きな節目を迎えようとしていた。トヨタは、生産と販売に分かれていた、トヨタ自工とトヨタ自販を合併させ、1982年（昭和57年）に、「トヨタ自動車」を設立することが決まっていたのである。合併後に誕生する「トヨタ自動車」の社長には、豊田家直系の豊田章一郎が就任することが、既定路線となっていた。

新生トヨタを、創業家直系の章一郎に継がせるにあたって、英二は、日米自動車摩擦を乗り切ることこそが自分の使命だ、と考えていた。そうして導き出された交渉相手が、フォードだった。英二はフォードに対して、特別な思いも抱いていた。

フォードとは、トヨタが自動車生産に進出した直後を含めて、これまで2回提携の話が出たが、いずれも最終的な合意には至らなかった。けれども、2回目の提携交渉が行われた1950年（昭和25年）、フォードは研修者として豊田英二らを迎え入れてくれ、およそ4カ月にわたってフォードの最先端技術を伝えてくれた。この時、英二はフォードの生産システムを支える「サゼッションシステム」を学び、この思想をトヨタに注入し、「創意くふう提案制度」を設けた。これがその後のトヨタ独特の生産システム、合理化システムの原点の一つになった。

こうした経緯もあって、英二はフォードとの合弁に前向きになった。フォードは、創業家が経営を支えていることにも、英二は強いシンパシーを感じていた。トヨタは、創業家がどう会社を経営するのか、創業家の立ち位置を会社の中でどう位置づけるのかなど、多くのことをフォードに学んできた。いわば、フォード式統治の方法が、豊田家のモデルでもあった。

しかし結局、1981年に誕生したロナルド・レーガン政権との駆け引きの結果、向こう3年間は日本側が「自主規制」することが決まり、初年度、日本からの輸出台数は168万台に制限されることになった。英二らトヨタの幹部は、こうした政治的な処置は一時的なものだろうと考えたが、日本車の米国市場でのシェアはすでに20％以上になり、さらに増加も見込まれていた。米国での現地生産は、トヨタのグローバル化のためにも必須の条件となっていた。

トヨタは結果的にフォードではなく、「相手が大きすぎる」と当初、英二が警戒していたGMとの合弁事業に乗り出した。米国内での生産工場用地の選定を、トヨタ自動車の会長となっていた英二から任されたのが、1982年（昭和57年）に取締役となった奥田碩だった。

1984年には、GMとの合弁会社「ニュー・ユナイテッド・モーター・マニュファクチャリング（NUMMI）」が設立される。翌85年、トヨタはアメリカおよびカナダへの単独工場の進出を決定し、「北米事業準備室」を発足させた。この副室長に奥田は指名された。1986年には米ケンタッキー州にトヨタ単独の生産工場を設立。社長の豊田章一郎は、満面の笑みで工場の開所式に参加した。初代の工場長となったのが、後に社長、会長を歴任することになる張富士夫《ちょうふじお》だった。張には、現場の作業服がよく似合った。張のこうした地味で目立たぬ姿勢は、奥田と真逆だった。豊田家が好んだのは、張のような役員だった。

トヨタが米国対策、国際化に忙殺されていた最中、文革で立ち遅れた経済を立て直そうという動きが、ようやく中国にも生まれてきた。中国の改革開放政策前から、人的な交流を深めていたトヨタだったが、

「米国と中国との2方面を同時にやる体力は、当時のトヨタにはなかった。やはり、およそ売上の4分の1を占める米国対策が焦眉の急だった」

と、英二が後で述懐したように、中国への思いは残しながらも、トヨタとしては米国対応を主戦場とせざるをえなかった。

中国市場に本格参入が叶わず、結果、他メーカーに出遅れたトヨタは、80年代、90年代と、中国で暗黒の時代を過ごすことになった。

もちろんトヨタが手をこまねいていたわけではない。1978〜79年にかけては、中国、ト

ヨタの双方から前向きな提案がなされている。

78年には「北京汽車」から乗用車生産の申し入れがあり、翌年、当時豪亜部長だった奥田が、服部を従えて北京を訪問。奥田と服部を迎えたのは、北京の〝自転車〟の洪水だった。天安門広場を埋め尽くすかのように走る自転車の圧倒的な数に、奥田も服部も言葉を失うほどだった。どちらからともなく、これが自動車に変わる日が来るかもしれない、と言葉を交わした。外国人が泊まるホテルは「北京飯店」に限られ、北京市以外への移動には許可が必要だった。まだそんな時代だった。

奥田と服部は足繁く、貿易を管理する「貿易公司」があった北京市二里溝《にりこう》に通った。その貿易公司を通じて、北京汽車に中型乗用車「コロナ」のCKD方式（日本から部品をすべて輸出し、現地で組み立て完成させる手法）による現地生産を提案した。しかし、文革の終結宣言がなされたばかりの中国側が希望したのは、トヨタの北京への本格的な進出、つまり、現地の中国人を雇用しての現地生産だったので、交渉は折り合わなかった。

その後、時を経て1989年。服部は「豪亜部第二営業室室長」になっていた。この頃、服部は上海に足繁く通った。上海市から、高級車「クラウン」の現地生産をしたいというオファーを、受けていたからだった。上海市は、特に市長の朱鎔基《しゆようき》が非常に積極的だった。しかし中央政府の認可が下りないこと、また朱鎔基が国務院副総理として中央政界入りし、上海市を離れたことから、この計画も立ち消えになってしまう。

こうしたトヨタを尻目に、いち早く中国市場に食い込み、その後も市場を席巻し続けたのが、ドイツの「フォルクスワーゲン」だった。1984年、フォルクスワーゲンは、「上海汽車」と合弁事業に乗り出す。その年の10月に行われた工場起工の式典は圧巻だった。ドイツからヘルムート・コール首相が、夫人を伴い出席するほどの力の入れようだった。ドイツという国家が中国市場に可能性を見出し、フォルクスワーゲンを強く後押しした。2000年代の初頭、当時の首相、ゲアハルト・シュレーダーは、ことに中国への売り込みには熱心だった、毎年のように、経済界の要人ら数百人を率いて訪中し、トップセールスで自動車を売り、民間航空機「エアバス」を売り、高速鉄道まで売り込むことに成功していた。

普通乗用車の生産が悲願であった中国の自動車産業にとっても、フォルクスワーゲンの「サンタナ」は、うってつけの車だった。フォルクスワーゲンは、生産ラインをそのまま上海汽車、後に第一汽車に持ち込んだ。サンタナは中国市場で大成功し、国民車的存在にまでなった。上海汽車の生産台数は順調に伸び続け、中国の自動車市場は、フォルクスワーゲン一色のような時代がしばらく続いた。今もサンタナは、中国の乗用車シェアの半分近くを獲得している。

トヨタの企業サイトにある『トヨタ自動車75年史』第3部にある「中国」の項は、当時のトヨタの苦境を次のように記している。

〈中国では、1983（昭和58）年に北京ジープ社、1984年に上海フォルクスワーゲン社および広州プジョー社が設立され、外資との合弁による自動車産業育成策が始動していた〉

この合弁の流れに、トヨタは取り残された。

〈一方で、トヨタブランドの現地生産の事業環境は徐々に険しくなっていた。中国では198

0年代半ばまでに地方で小規模な自動車会社が相次いで設立され、1970年代後半と比較してほぼ倍増した。国内企業の育成や国際的競争力を向上させるため、中国政府は1986年、中国と貿易してモノを販売するには技術を開示、提供する必要があるとする技貿結合政策を発表した。さらに自動車産業が分散小規模化していることから、乗用車生産については、中国の国家計画委員会が1987年に発表した「汽車工業2000年発展計画大綱」に基づき、1989年に自動車メーカーの再編・集約を図るねらいで、「3大3小政策」を策定した。「3大」はフルラインメーカーを3社に、「3小」は中堅車両メーカーを同じく3社に集約するという意味である。1992年には小型車メーカー2社の「2微」が加わった。

1990年代の初頭までには欧米メーカーを中心に中国大手との提携関係がほぼ固まった〉（同前）

欧米メーカーと中国大手との提携関係は、以下の表を見れば一目瞭然だ。

年度	中国メーカー	合弁側の外資
1983年	北京汽車	クライスラー
1985年	上海汽車	フォルクスワーゲン
1985年	広州汽車	プジョー
1991年	第一汽車	フォルクスワーゲン
1992年	東風汽車	シトロエン
1997年	上海汽車	GM

中国の自動車メーカーで、〝ビッグ3〟と呼ばれていたのは、「上海汽車」、「第一汽車」、「東《とう》風《ふう》汽車」の3社。3社はいち早く、各国の外資と合弁を組み、トヨタの入る余地はなかった。

トヨタと中国は、国交正常化前後から人的な交流を持ち、「トヨタ生産方式」の生みの親である大野耐一を中国にも派遣し、技術、生産指導を重ねてきた。また、第一汽車などの要請を受けて中国人技術者を引き受け、技術に関する指導も、長期間にわたって行ってきた。

何より、日中国交正常化の記念すべきセレモニーを、トヨタの社員とともに、トヨタ自工の本社で見つめていたのは、第一汽車や上海汽車などからの技術者たちではなかったか。

それほどまでの関係がありながら、なぜトヨタは合弁相手として選ばれなかったのか？　なぜトヨタは中国に進出できなかったのか？

トヨタが中国市場で悪戦苦闘した1990年代、一つの噂がまことしやかに流れ、今も定説のように囁かれる。それは、こんな噂だ。

1978年、来日した鄧小平が、トヨタ首脳に中国への進出を要請した。その際に、トヨタの幹部が、

「中国人がトヨタの車を買えるまで、一体何年かかるのでしょうか」

と、中国を小馬鹿にする発言をしたという。帰国後、鄧小平は、

「今後30年、トヨタには、中国大陸で一台の車も造らせるな」

と部下に厳命した、というものだ。

1982年からトヨタ自動車中国事務所首席代表を務め、2001年から「日中投資促進機構事務局長」に転じた嶋原信治《しまはらしんじ》は、そうした根拠のない噂が流布していたと、その信憑性を言下に否定している。

鄧小平来日の折、トヨタの中国進出を促されたのは、当時社長だった豊田英二だったことは先に述べた通り。その英二が、鄧小平の逆鱗に触れるような軽はずみな発言を許す訳もない。やはり1990年代半ばからトヨタで中国ビジネスにかかわり、2001年にはトヨタ中国事務所上海首席代表だった東和男《あずまかずお》は、著書『中国の自動車産業　過去・現在・未来』（華東自動車研究会）の中で、トヨタは米国、欧州への進出で、人的にも経済的にもリソースを割かれ、中国に振り向ける余力を持ち合わせていなかった。それゆえに生産技術などの交流に止《とど》まっていたのだ、と記している。

その時期に、服部は中国事務所所長として北京に赴任することになった。1991年のことだ。48歳、日本に帰国してから21年が過ぎていた。服部を、中国事務所所長とする人事を強く後押ししたのは、専務となっていた奥田だった。奥田は豪亜部時代に部下だった、服部の力量を高く評価していた。奥田は大人しい社員が多いトヨタで、はっきりと自己主張する服部を、好ましく思っていた。なにより奥田の目には、服部は〝中国人〟のように映っていた。

第8章

豊田英二の危惧

奥田は、豊田英二の引きだけでなく、豊田家直系の後継者、豊田章一郎の庇護も受けて順調に役職を上げていった。会長となった豊田英二の指示を受けて、米国での工場用地の選択を任されるなど、奥田は経営の根幹に、深く関わるようになった。

一方、中国の北京に責任者として赴任した服部は、中国進出が進まないジレンマに身をおいていた。だが、そもそも中国進出は、出先機関である中国事務所の判断で打開できるような、生易しいものではなかった。

服部が北京に赴任した翌年、トヨタでは社長が交代し、中国進出問題はそれまで以上の重みを持ち始めていた。

新社長に就任したのは、豊田章一郎の実弟、豊田達郎《たつろう》であった。豊田家内部での交代劇だった。けれども、達郎の社長就任には珍しく身内から疑義が出た。

「弟を社長にしたい」

達郎への豊田家直系の継承は、兄、章一郎の強い願いだった。ところがこれに、豊田英二が真っ向から反対する声を上げた。彼ら兄弟にとって、英二は極めて近い近親者だ。英二は豊田家直系ではないが、トヨタ自販、トヨタ自工の合併をやり遂げ、トヨタ自動車の体制を盤石《ばんじゃく》なものとした。さらに世界トップの自動車メーカーGMとの合弁事業にも乗り出し、対米貿易摩擦の中、トヨタの国際化への先鞭《せんべん》をつけた。

章一郎と達郎、2人の後見役としてこの兄弟を幼い頃からよく知る英二は、達郎の経営者としての資質に、疑問を持っていた。

「達郎君は、どういうのかな……何事につけ細かいんだよ。細か過ぎるんだな……。あれでは大局的な経営ができない。あれほど些事に拘《こだわ》ると会社が動けなくなる。トヨタを袋小路に持っていってしまう危険があるんだよ」

英二はこんな表現で、達郎の生真面目さゆえの「マイクロマネジメント」を危惧した。英二はトヨタ中興の祖であり、英二なくして今日のトヨタがないことは、トヨタの人間ならば誰もが知っていた。その重鎮から、達郎の社長就任に異議が出たのだ。

しかし、普段ならば英二の意見には素直に従う章一郎が、この件では違った。

多忙を極める父、喜一郎に成り代わり、幼い章一郎、達郎兄弟の父親役をしていたのが、喜一郎宅に下宿していた大学生の英二だった。章一郎にとって、英二は父にも等しい存在だった。しかし、その〝父の進言〟にも、章一郎が首を縦にふることはなかった。章一郎、達郎の兄弟は、他の者が入り込めない細やかな感情で結びついていた。結局、折れたのは英二の方だった。1992年、達郎は兄の強い後押しで社長となる。章一郎が会長、英二は名誉会長として、兄弟を支えることになった。

トヨタに流れる〝一代一業〟。一代で一つ、今までにない新しい事業を興す。豊田英二が残したのはGMとの合弁事業であり、章一郎は米ケンタッキー州に設立した海外初の生産工場だった。そして達郎が、この〝一代一業〟で狙いをつけたのが、〝中国〟だった。

1993年、トヨタの本社で、後の中国進出を振り返る時にターニングポイントとなる会議が開かれた。トヨタ社内で〝御前会議〟ともいわれる経営トップだけが集まる会議だった。御前会議とは、戦前に行われていた天皇陛下の臨席を賜り、元老、閣僚、軍首脳らが集まり行われた会議のことだ。それになぞらえられるほど、社内では重要な会議であることを意味していた。

司会を務めるのは、社長の豊田達郎。かつての元老のように会長、豊田章一郎と名誉会長の豊田英二が控えていた。そして、副社長以下、専務、常務が顔を揃《そろ》えた。トヨタの最高幹部が一堂に会するのは、壮観な光景だった。議題は、中国への進出についてである。誰よりも積極的だったのは、副社長の奥田だった。奥田は熱弁を振るう。

「曲がりなりにも瀋陽《しんよう》に、技術的支援の拠点を作り、中国への協力を続けている。今、中国進出の決断をしないで瀋陽を落とすことになれば、トヨタは中国での橋頭堡《きょうとうほ》を失うことになる。新たな橋頭堡を造るには10年はかかる。決断の時が来たと思っている」

中国進出すべし、という奥田の〝演説〟は、中国にシンパシーをよせる英二と章一郎、トヨタの最高首脳2人の思いを忖度《そんたく》する部分も、多分にあった。社長、豊田達郎の〝一代一業〟への思いに報いたい、という意図もあったはずだ。

奥田がわざわざ橋頭堡といったのは、瀋陽で始まった「技能工養成センター」のことで、同センターでの商用車の生産のことを指していた。奥田の〝演説〟から何人かの意見が続いたが、概《おお》ね進出の意義を認めるようなものだった。英二と章一郎は、黙ったままだった。

章一郎の社長時代、中国での現地生産を望んでいたが、中国政府の認可が下りなかった。しかし章一郎は、たとえトヨタの利益にならなくても、中国への支援は惜しまなかった。1980年に外国メーカとして初めて、「認定サービスステーション」を設置したのを手始めに、1985年には北京と広州《こうしゅう》に、メカニック養成のトレーニングセンターを設立。その5年後には、中国初の「自動車教習センター」設立を支援。無償で設備を提供しただけでなく、指導員の育成にも力を注いだ。

すべて章一郎が主導したもので、特に瀋陽の技能工養成センターは、トヨタが金杯汽車の協力を得て直接運営していたものの、卒業生がトヨタ以外のメーカーで働くことに、何の縛りもなかった。幹部が何度か章一郎に、卒業生はトヨタで働かせるべきだ、と進言したが、章一郎は、

「そのままでいいんだ」

と、取り合わなかった。

章一郎の中国に対する寛大で鷹揚な態度の背景には、戦前の中国大陸で、日本の軍部が行った行為に対する贖罪《しょくざい》の意識が強かったようだ。事あるごとに、政治的な節目で中国政府が出し

てくる〝戦争責任〟というカードを、章一郎は殊《こと》の外《ほか》、深く受け止めていた。また、祖父の佐吉が、海を渡って夢を実現させた地、中国への思いも強かった。こうした章一郎の心の内を、幹部たちも承知していた。

名古屋のトヨタ本社で行われた〝御前会議〟。締めくくったのは最高幹部、英二だった。黙って議論を聞いていた英二は、最後にこう口を開く。

「中国では小さければ潰される。といって、大き過ぎれば取られる。それを覚悟でやるか！」

英二のこの一言で、トヨタの中国への本格的な取り組みが始まる。英二が口にした、「大き過ぎれば取られる」というのは、英二の長年にわたる中国へのトラウマだった。

豊田佐吉は、上海に渡り紡績業を始めた。日本の大陸進出と相まって豊田紡織は拡大の一途をたどる。傘下には二十数社の関連会社を抱え、上海を代表するような企業群を作り上げた。しかし、豊田佐吉が情熱を傾け、莫大な時間と労力を費やした事業は、日本の敗戦とともにすべて中国政府の手に落ち、トヨタには何も残らなかった。

豊田英二が、「大き過ぎれば取られる」と中国進出の危惧を口にしたのは、このことだった。

平取《ひらとり》には入ることが許されない、ましてや一般社員など論外なこの会議に、服部は特別に参加が許された。〝御前会議〟に先立つこと2年、服部は中国事務所所長として赴任していた。北京で、中国自動車政策の窓口である「機械工業部」、「国家発展改革委員会」などと交渉を重ねていた服部は、いわばトヨタの中国における目であり、耳であった。中国語を自在に操り、中国人の気質にも通じている服部には、うってつけの役回りだった。

この会議で特に服部が意見を求められることはなかった。けれども、参加した幹部の一人は、会議が終わるや、服部が豊田章一郎、達郎兄弟、そして奥田と砕けた表情で話していたことを、今も記憶している。一介の社員が、創業家の兄弟と垣根なく談笑している光景は、不思議だったらしい。後で服部を呼び止めた幹部が、

「服部君は、随分と章一郎さんたちと仲がいいんだね」

とやや嫌味な言い方をすると、服部はそれに気づかなかったのだろう、嬉しそうに、

「いやー、可愛がってもらっています」

と、言うのだった。しかも、問われもしない会話の内容を、手振りを交えながら屈託なく話した。

「会長たちにチャイナドレスを頼まれちゃって……。ええ、作って送るんです。誰のか？　それは知らないですが」

服部は、創業家の跡取りたちと近い関係であることが、誇らしそうだった。他にも、強壮剤のようなものを定期的に送っている、などと打ち明けた。

何気ない光景であり、他愛もない会話だ。しかし、この光景、この会話から浮かび上がる服部の姿こそが、トヨタの中で、服部がどう見られていたのかを、象徴していたのかもしれない。

チャイナドレスと聞き、その幹部は思わず口走る。

「なんだ、服部、お前、中国でそんなことまでやっているのか」

言葉に嫌な響きを感じたのだろう、服部はやや不満そうな顔を見せて、こう言い返した。

「中国所長は忙しいんですよ」

服部は自らの肩書を誇った。服部はその肩書を喜び、自ら〝中国事務所所長の服部〟と名乗るのを、常としていた。しかし、幹部とのやりとりが物語るように、トヨタの本社で服部には、〝創業家の小間使い〟という陰口も聞かれた。服部の出自も、常に好奇の目にさらされた。極端な話、服部の一挙手一投足が関心の対象だった。服部がなにかをする度に、

「服部は中国人だから」

と、冷笑する者も少なくなかった。

服部は自ら、中国で過ごした27年間で、いい思い出は一つもない、と嘆いていた。酒が回ると、口癖のように、中国での生活は最底辺のものだったと吐き捨てもした。

その中国に、服部は帰ってきた。日本を代表する自動車メーカーの、中国での最高責任者という肩書で戻ってきた。〝日本の小鬼〟とバカにされ、「フーブー（服部）」と呼ばれた少年が、金ピカの看板を背負って故郷に戻ってきた。

「僕が交渉する機械工業部の部長（大臣）にせよ、国務院の人間にせよ、僕が話し出すとビックリするんだよ」

服部は楽しそうだった。そして、こう続けた。

「僕はネイティブでしょう、中国語。相手はたいてい驚きながら、『どこで中国語を勉強したのか』って。だから僕は言うんだよ、『生まれた時から、ここで』って。それで、僕の生い立

ちを説明してやるんだ。本当にビックリするんだよ、相手は」

服部が言うように、服部と相対した共産党幹部はさぞ驚いただろう。トヨタ中国の代表が、中国語を中国人のように話すのだから。そして、その生い立ちは同世代の中国人が体験した、それと同じなのだから。自分たちと同じ体験をした男が、トヨタ中国のトップとして、自分たちと交渉している。共産党幹部らが、服部にある種の親近感を覚えたのも当然だった。また、服部が中国の重点校であり、名門のハルビン第三中学校を卒業していたことも、彼らを驚かせ、服部に一目を置かせた理由でもあった。

とはいえ、服部がその能力を発揮するには、中国の自動車産業はまだ未成熟だった。服部が赴任する2年前に起こった天安門事件で、中国は世界から糾弾され、海外投資はストップ。中国全土から投資は引き揚げられていった。1990年に中国全土で生産された自動車は、トラックなども含めわずかに50万台。乗用車にいたっては4万台に過ぎなかった。年間400万台を生産するトヨタにとっては、3、4日の稼働で生産できる程度の台数でしかなかった。

服部の業務の大半は、機械工業部に日参すること、国家発展改革委員会に顔を出すことだった。しかし中央政府は、トヨタと中国企業の合弁を、頑として認可しようとはしなかった。

トヨタの本心としては、〝ある地域〟への進出を、密かに狙っていた。それは上海だった。上海は、豊田佐吉が一大紡績会社を作り、トヨタの基礎を築いた因縁の深い土地だ。祖父、佐

吉への思慕を隠さなかった章一郎は、

「できたら上海に行きたいんだよ」

と、服部にも伝えていた。服部も、生まれ育った黒竜江省より、温暖な上海を好んだ。中国に赴任する前から、豪亜部第二営業室に席を置いていた服部は、上海に何度となく出張していた。前述の通り、当時、上海市長だった朱鎔基に会うためだった。

１９８７年、上海市共産党副書記になった朱鎔基は、翌年上海市長となる。市長として浦東《ほとう》新区の開発、外資の導入など上海市に大きく寄与したが、この朱鎔基がトヨタに持ちかけてきたのが、トヨタを代表する高級車「クラウン」の現地生産で、そのための「上海汽車」との合弁だった。知らせを聞いた服部は小躍りした。１９８０年代、章一郎が主導して、中国への献身的な援助を続けてきたこと、その章一郎が、中国ならば上海市に進出したいことは、よく知っていた。服部は、ここぞとばかりに社長の章一郎、専務になった奥田に働きかけ交渉の最前線に立つ。上海に服部が向かう時には、必ず章一郎と奥田に、事前の挨拶をするようにしていた。

服部より15歳年上の朱鎔基は、服部が生まれ育った黒竜江省などを含む東北人民政府の実務家として、共産党員のキャリアを歩み始めた。経済の実務家として将来を嘱望《しょくぼう》された朱鎔基だったが、１９５８年、最初の試練が訪れる。同年に毛沢東が始めた「大躍進政策」を批判し、朱鎔基は「国家計画委員会」の幹部を罷免された。１９６２年、鄧小平らの引き立てで復帰を果たしたものの、１９７０年に文化大革命で右派のレッテルを貼られ、下放される。朱鎔基は

5年にわたり、過酷な「労働改造」を受けたが、鄧小平が実権を握るや、鄧が推し進めた改革・開放路線の有力な推進者として、再び返り咲いた。この朱鎔基が、トヨタに秋波を送ってきたのだ。服部はあらゆる風雪に耐え忍んで生きてきた、大木のような朱鎔基に魅了された。服部とのインタビューでも朱鎔基の名前が上がる時、服部の言葉には何ともいえない親愛の情がこもった。

朱鎔基は服部の人生に関心を持ち、特に服部の過酷な境涯に大いに共感してくれたという。服部は、中国共産党の幹部が自分に深い同情心を持ち、近しく接してくれることに感激していた。

「朱鎔基さんは、政治家としても立派だったけれど、人間としても尊敬できる人だった。僕は彼のことが今でも好きですね」

服部を魅了した朱鎔基が、直々にトヨタに打診してきた上海汽車との合弁事業、具体的にはクラウンの生産だったが、1989年当時は時の利がなく、またトヨタの社内事情からも難しい時期だった。

1989年6月4日、民主化を求める学生らに対し、中国政府が武力による弾圧を行った天安門事件。戦車が出動し、実弾の発射などで学生、市民数百人が犠牲となった。中国共産党の弾圧を目の当たりにした西側諸国は、大きな衝撃を受けた。相次いで中国在住の社員を引き揚げ、経済支援も凍結。中国は国際社会で孤立化を深めた。日本もODAの凍結などを決定したが、時の宇野宗佑《うのそうすけ》政権は中国に対し、寛大な姿勢で臨もうとしていた。

「中国を孤立させてはいけない」

中国との貿易を行っている経済界、特に経団連の要請を受けたとはいえ、三塚博《みつづかひろし》外相の言葉は、国際社会で際立って中国政府を擁護していた。翌々年、他の西側諸国に先駆けて訪中した首相、海部俊樹《かいふとしき》は、江沢民党総書記からわざわざ感謝の言葉をもらったほどだ。

1991年、服部が北京に赴任した年は、天安門事件の余波もあって、世界はまだ懐疑的に中国を見ていた。中国政府と日本の間にも距離は生まれていた。服部は朱鎔基はもちろん、朱に紹介された上海汽車の幹部とも協議を重ねたが、上海汽車の前向きな姿勢とは裏腹に、中央政府の反応は冷淡だった。そうこうしているうちに、天安門事件で上海市を完全に抑え込んだ実力が評価され、朱鎔基は、1991年国務院副総理に指名される。朱鎔基は北京に呼ばれ、上海を去った。服部と朱鎔基の交わりはその後も続いたが、中央政府が冷淡ななか、トヨタは朱鎔基という最大の推進者を失い、合弁の話は立ち消えとなった。

1991年、北京に赴任した服部は、前述のように、合弁事業に認可を下す機械工業部や、国家発展改革委員会の幹部を訪ねる日々が続いた。1990年代の中国は、服部が飢えと戦っていた時代の中国ではない。天安門事件を越えて、〝世界の製造工場〟として世界経済を牽引する、大国への歩みが始まろうとしていた。

1992年、鄧小平が経済発展のための改革・開放を訴えた「南巡講話」によって、急成長のアクセルが踏まれた。鄧小平の、この「皆で豊かになろう」宣言を機に、中国の主要な都市で「開発ブーム」が起き、不動産、建設を中心にした、海外からの直接投資が爆発的に増えた。同年、およそ600億ドルだった海外からの直接投資は、翌年には10倍近くに跳ね上がる。1990年に深圳《しんせん》に米「マクドナルド」がオープンしたが、2年後、北京に店舗が進出した際には、店員募集に実に2万5000人以上の応募があった。店の規模も、破格の700席だった。

1995年、服部に再び朗報がもたらされる。上海汽車から、今度は合弁事業として、トヨタの高級車「カムリ」の生産を打診してきたのだ。結果として、これも形にはならなかったが、上海汽車からの打診は、服部の人脈があってこそのものだった。

「言葉の問題があるからって、いつもオフィスにいても仕方ないんだよ。トヨタだけじゃないけれど、日系企業の社員たちがじっとオフィスにいるだけじゃ……」

服部は、自動車産業を管轄する中央政府の部署のみならず、他社のオフィスにも顔を出していた。そして夜ともなれば、共産党の幹部を引き連れて、高級な中華料理店、でき始めていた外国人相手の高級クラブにも顔を出した。

服部は筆者に顔を近づけて、こんなことを言うのだった。

「あのね、僕のことを色々言うやつがいるんだよ。あの本みたいにね。一体、誰が中国のことを知ってるのよ。東京からやって来て、役所で挨拶して、後はオフィスにいて……、こんなんでどうして仕事を取れるというの？　100年待っていたって、トヨタは中国に出れないよ」

服部は、かつて服部に向けられた批判、陰口を思い出したのだろうか、胸のつかえを吐き出すように言葉を連ねた。あの本とは、モデル小説『トヨトミの野望』のことだ。服部は、中国で天涯孤独に育った残留孤児、「八田高雄」として描かれている。

〈八田はすべてに日本人離れしている。（略）八田は名刺一枚でどこへでも入っていける。黒《ヘイ》幇《バン》と呼ばれるチャイニーズマフィアのアジトから、中国共産党の総本山、中南海までOKだ。

中国は共産党の国家である。経済システムは市場経済への移行段階にあり、金融・為替政策、外資導入などは党中央が最終的な判断を下す。それは地方政府においても同様で、主要なビジネスはすべて共産党の管轄下にある。その意思決定に際しての情報収集および人脈形成は日本人には想像もできないほどの重みを持つ。それゆえ、中国全土に張り巡らせた八田のパイプは今後のトヨトミのビジネスに測りしれない恩恵をもたらしてくれるはず〉

たしかに服部は、中国に駐在するトヨタの社員たちには考えもつかないような、日本人離れした行動を平気でしていた。

たとえば、秘書。『トヨトミの野望』では、八田が秘書を愛人にしていたように書かれていたが、実際、そうした好奇な目で服部を見ていた者は多かった。服部は、昼食を必ず外で取っていた。服部が好んだのは寿司だった。昼食は、他社の人間と共にすることがほとんどだったが、服部はそこに必ず秘書を同行させた。

「服部さん、いつも秘書の方と一緒なんですね？」

トヨタ中国の幹部が皮肉交じりに問いかけると、

「この子、僕の秘書ですよ。秘書はボスに仕えるのが仕事でしょう?」

と、歯牙にもかけなかった。

中国人秘書に服部は忠誠を求め、常に服部のために働くことを求めた。中国語で交わされる2人のやりとりを、他の社員たちはうかがい知ることはできなかった。服部は秘書の家庭環境や育ち、現在置かれている状況など、すべてを把握していた。貧しい家庭で育った者には、陰で小遣いを渡していたし、トヨタの本社を相手に、秘書の昇給について自ら交渉もした。昇給が実現するまで、交渉をやめなかったこともあった。服部の秘書を辞めた後に、トヨタ中国の別の部署で昇格した者もいた。有能な者、努力する者に、服部は惜しみなく協力した。

「僕はね、厳しいけれど、能力を見る目はあるんだよ。何もかも保証されていて、ちょっとすれば日本に帰れるようなサラリーマンと、彼女たちは違うんだよ。鍛えないと、仕事を覚えさせないと、その後に仕事が失くなっちゃう。だから厳しかったよ。愛人? どの子も愛人にしたいくらい可愛かったけどね」

服部は、屈託なく笑った。

現地駐在のトヨタの社員は、服部を〝バケモン〟と呼んでいた。奥田がそうであったように、トヨタという堅実な会社の中で、服部は型破りな存在、異端児であった。

多くのトヨタの駐在員が、北京のオフィスで大半を過ごしていたのとは正反対に、服部は〝名刺一枚〟で、どこにでも出掛けていった。ある時は、南の「上海汽車」(上海市)や「広州汽車」（広州市）に顔を出したかと思えば、北は吉林省長春に飛んで、「第一汽車」に姿を見せるといった具合だった。北京でもオフィスにいるより、食事などで、機械工業部の幹部らと接触する時間の方を、大切にしていた。

対中交渉が動かないなか、１９９４年、章一郎から社長を引き継いだ弟の豊田達郎が自ら訪中し、時の国務院総理、李鵬《りほう》と会談した。この会談では達郎が、戦後いち早く、中国の自動車産業育成にトヨタが協力してきたことなどを述べながら、トヨタは小型車ではなく、セダンクラスの乗用車を本格的に現地生産したい、という意向を伝えた。訪中には、「アイシン」や「デンソー」といった有力系列会社の社長も同行するなど、中国側に、トヨタの意気込みを示す訪中となった。

達郎が直々に訪中した背景には、この年、中国政府が正式に、「自動車工業産業政策」を発表した事情もあった。

その政策は、１９９２年の自動車メーカー再編策「３大３小２微」を踏襲するもので、大きくは３つの柱から出来上がっていた。

１　自動車部品産業の育成
２　国産化の促進
３　外資の２社制限、外資の出資上限は50％（傍点筆者）

成長が見込まれる中国市場に足場を築き、シェア独占を目論む外資系自動車メーカーにとって重要だったのは、中国市場に進出する時は、中国の自動車メーカーと合弁を組むことが義務付けられたこと、そしてその相手は2社までとする「2社制限」だった。いわゆる「2社カード」と呼ばれた制度である。

当然のことだが、各クラスを満遍なく提供できる外資系自動車メーカーは、合弁で組む相手にも、それに対応できる能力を求めた。発展途上の中国の自動車メーカーにおいて、その要求に対応できる会社は限られていた。それは、〝ビッグ5〟と呼ばれる、「第一汽車」「上海汽車」「東風汽車」「長安汽車」「奇瑞《きずい》汽車」の5社である。

中国進出が遅れたトヨタは、こうした中国企業と組むことができなかった。だからこそ、トヨタは遅れを取り戻そうと、〝トップ外交〟を決断したのだ。達郎の訪中は、トヨタの強い意思表示だった。

翌年の10月には、トヨタ中興の祖である名誉会長、英二も訪中し、国家主席、江沢民と会談し、改めてトヨタの現地生産への意欲を伝えている。前年に訪中した社長、達郎の相手をしたのが、首相、李鵬だったことを考えれば、英二と江沢民の会談は、中国政府が英二をトヨタの最高実力者であると認め、その訪中の意義をより重く受け止めている証でもあった。だが、社長と名誉会長が相次いで訪中せねばならぬほど、トヨタは追い詰められていたと言えるかも知れない。

さらに、トヨタの最高実力者、英二の訪中には、創業家である豊田家の事情も影を投げかけていた。

というのも、達郎は訪中した翌年、1995年の年明けに脳梗塞で倒れ、社長としての職務が全うできなくなってしまったからだ。

英二はそもそも、達郎の社長就任には厳しい姿勢を見せていた。

「達郎を社長にしたい」

章一郎の判断に、英二は反対し続けていた。けれども章一郎は、弟の社長就任を諦めなかった。反対する英二の自宅に何度となく通って、英二を掻《か》き口説いた。

「章一郎君は、経営もこれくらい熱心にやればよかったのに……」

章一郎の父、喜一郎の自宅に下宿して東京大学に通っていた英二なればこそ、こんな皮肉交じりの言葉も吐けた。

こうした経緯を経て、社長に就任した達郎だった。それ故、自分が反対したせいで、より無理をさせてしまったのではないか、と後悔する思いが、英二にはあった。だからこそ、達郎が意欲を燃やした、中国における本格的な自動車生産、そのバトンは自らがつなぐべきと考えて、英二は訪中を買って出たのだった。

達郎と英二、トヨタにとって重要だった2人の訪中で、通訳を務めたのは服部だった。李鵬にしろ、江沢民にしろ、中国人と変わらぬ中国語を話す通訳に、興味を示した。特に戦前、南京中央大学で日本語も学んだ江沢民は、カタコトの日本語を交えて、なぜそんなに中国語が上手なのか、どこで学んだのか、などと聞いた。服部が手短かに自らの生涯を語り、黒竜江省ハルビンで教育を受けたこと、ハルビン第三中学校を卒業したことなどを告げると、益々興味を持ったようだった。そんなやり取りを、豊田英二は笑みを浮かべ見つめていた。

服部が江沢民に、わざわざ黒竜江省のこと、ハルビンのことをことさらに強調したのには、計算もあった。江沢民が権力の階段を登り、〝機械工業閥〟を掌握するきっかけとなったのは、吉林省長春にある国営自動車会社、第一汽車でのキャリアだった。吉林省は黒竜江省、遼寧省とともに東北地区と呼ばれ、かつての満州国が存在していた地域だ。東北地区の人々は地元への愛着が深く、またプライドも高い。吉林省の長春と黒竜江省のハルビンは、兄弟都市のように関係が深かった。

中国での合弁を願っているトヨタの通訳が、ハルビンで教育を受けたこと、重点校である名門ハルビン第三中学校出身であることは、江沢民を驚かせた。しかも、日本人でありながら、27歳まで中国で育ったという。江沢民が、親近感を覚えないわけがなかった。

日本のビジネス界では、中国におけるビジネスは、中南海とのコネクションが成否を左右する、といわれている。天安門広場に隣接する中南海は、中国政治の中枢を意味する。中南海へのコネがなければ、中国では成功できない――。しかし、服部にこの話を聞くと、言下に否定した。

「そんなのは、失敗した日本人が言い訳にするために言っていること。中国人はもっとビジネスライクだよ。（中南海とのコネが）必要ないかといわれれば、あった方がいいに決まってるけれど。それもケースバイケースだよ。まずはビジネス。儲かるか、儲からないか。これだけだよ」

服部はこう言うものの、実際には、服部の口から、かなりの数の共産党幹部の名前が聞かれた。そうした共産党幹部は、ほとんどが自動車産業と密接な関係を持っているか、あるいは、強い政治的な影響力を持つ者ばかりだった。

「年に何度かは、夫妻とともに食事をしていた。本人とは何度も何度も会っていた。彼は謙虚な実力者だった」

服部が〝謙虚な実力者〟と評したのは、中国共産党最高指導部に名を連ねていた兪正声（元中国共産党政治局常務委員）のことだ。

兪正声の経歴についてはすでに触れたが、〝上海閥〟の元締めで、〝機械工業閥〟を牛耳る江沢民の、〝1番のお気に入り〟といわれた人物だ。江沢民が守っていた〝上海閥〟、〝機械工業閥〟の後継者で、江沢民と兪正声の関係は、兪正声の父、兪啓威の時代から始まっていた。共産党第1世代として、初代の天津市長などを歴任した兪啓威は、共産党の大物幹部だった。その兪が、第一機械工業部長（大臣）時代に目をかけた部下が、江沢民だった。兪は、江沢民をモスクワに留学させたり、自動車産業を勉強させるために第一汽車に派遣するなど、面倒を見て可愛がった。

そして、今度はその子、兪正声を江沢民は引き上げて、自らの後継者に育てた。江沢民の後継者ということは、自動車産業に圧倒的な影響力を持つことを意味していた。

兪正声とその妻、張志凱はともに、「軍事工程学院（現・哈爾浜工程大学）」の出身である。服部が東北林学院に通っていた頃、兪正声夫妻は、同じハルビンの学校に通っていたことになる。

この江沢民、兪正声人脈の延長線上にいるもう一人の重要人物が、後に服部と深い交わりを結ぶことになる、第一汽車の董事長（会長に相当）、徐健一《じょけんいち》だった。フォルクスワーゲンの「サンタナ」が、中国の国民車とまで呼ばれるようになったのは、第一汽車を率いる徐が、果敢にフォルクスワーゲンとの合弁を進めた結果だった。「サンタナ」の成功、そして江沢民、兪正声の後押しが、徐を中国の自動車産業の中心人物にしてゆく。主だった自動車の産業政策や、自動車に対する規制には、徐の意見が反映された。徐を無視して、自動車産業を語ることはできなかった。いわば中国自動車産業の立役者となった徐は、第一汽車がある吉林省で、「全国人民代表大会（全人代）」の吉林省代表も兼務していた。この徐とも服部は、電話一本で約束を取り付けられるほどの関係を作り上げていた。

そして、服部がもう一つ重要視していたのが、広東省に代表される南部の沿岸地域だった。改革・開放を推し進めた鄧小平が、そのモデルに広東省の深圳を選んだように、中国経済の対外的な窓口となり経済そのものを牽引してきたのは、この沿岸地域であった。上海市に隣接する江蘇《こうそ》省と浙江省、そして福建《ふっけん》省、広東《カントン》省の4つの省で、合わせて3億人以上の人口を擁する沿岸諸省は、まさに急成長した中国経済の〝ショールーム〟だった。

上海市長から国務院副総理となった朱鎔基と服部との関係はすでに述べたが、服部は、上海に並ぶ沿岸の大都市、広州市（広東省）にも強固な人脈を持っていた。人口が1500万人を超える広州市にある自動車会社、広州汽車。同社は、中国トヨタの成長を考えた時に、極めて重要な会社だった。

「車の売れ方が北の地域とは格段に違う。それほど豊かな地域を抱えているのが、広州汽車だった」

トヨタは1984年、広州汽車に対し、トヨタ「ハイエース」のダブルキャブの技術支援をしていた。さらに古くは、トヨタの中国への初の輸出は1964年、広州交易会の要人を送迎するための「クラウン」だった。こうした広州市との縁もあり、服部は当時会長だった豊田英二とともに、広州市と広州汽車を訪問したことがある。服部と豊田英二がまず訪ねたのは、当時、広東省の省長（知事）として、広東省に君臨していた葉選平《ようせんぺい》だった。

「葉選平はよくできた人物だった。広東省の王様。父親の葉剣英も知っていたが、広東省は、葉一族に歯向かっては生きていけない土地。北京だって簡単には手が出せない場所なんだよ」

葉選平の父、葉剣英は中国建国の英雄で、人民解放軍設立者の一人である。毛沢東の死後、江青ら〝四人組〟を追放し、華国鋒擁立を実質的に主導した。広東省は葉剣英の王国であった。服部は、豊田英二を葉選平に引き合わせる数年前に、広州市に葉剣英を訪ねたことがあった。

広州駅に着いた服部は驚く。ホームには軍服をまとった軍人が整列して、服部を迎えてくれたからだ。服部のために、要人だけが乗る高級車「紅旗」が用意されていた。連れて行かれたのは葉剣英の広大な敷地を持つ邸宅だったが、肝心の本人はいなかった。数日前に体調を崩し入院をしているという。葉剣英に成り代わり、服部をもてなしてくれたのは、葉剣英の実弟でやはり軍人だった葉東栄《とうえい》だった。勲章だらけの軍服が物語るように、彼は人民解放軍広東軍区の司令官だった。その葉東栄を筆頭に、一族の者たちが集まり、服部を迎えてくれた。豪華な料理が並び、様々な種類の酒が用意されていた。その様はさながら、地方軍閥の祝宴のようだった。

服部は、当時なかなか手に入らなかった最高級のブランデー「XO」が、何十本も並べられているのに目をむいた。その高級品を、葉一族の者たちは、まるでビールでも飲むように飲んでいた。

沿岸諸省を代表する自動車会社といえば、江蘇省の上海汽車と、広東省の広州汽車である。〝葉王国〟にある広州汽車は、当然のように葉一族との結びつきが強い。長らく広州汽車の董事長を務めた張房有《ちょうぼうゆう》とも、服部は親しい関係を築いたが、そのきっかけも、葉剣英一族の存在だった。

東北地方の雄である第一汽車の徐といい、中国経済の要である沿岸地域を牽引する広州汽車の張といい、服部はキーパーソンを、抜け目なく押さえていった。こうした芸当ができたのは、服部の語学力はもちろんだが、中国社会を動かす原理を服部自身が皮膚感覚で知っていたこと、そしてそうした彼らと、ほぼ同時代的な体験を共有していたことが、大きかったのではないだろうか。

服部の人脈は、トヨタにとって途轍《とてつ》もなく貴重な財産だった。なぜなら、東京からやってくる駐在員が築こうとしても、絶対に築けない人脈だったからだ。しかし、中国中央政府の厳しい意向があり、また、トヨタ中国内には服部への警戒心もあって、こうして服部が築き上げた人脈がフル稼働する条件は、まだ整っていなかった。

第9章

はめられたトヨタ

しかしながら、94年の豊田達郎、95年の豊田英二という相次ぐ最高首脳の訪中によって、トヨタがこじ開けたくても開かなかった重たい扉が、少しずつ開きはじめた。

自動車産業を所管する「機械工業部」の幹部が、こんな言葉を漏らしたのだった。

「天津汽車を助けてくれるならば、(天津汽車との)合弁の可能性はあるかもしれない……」

本社の中に、「中国室」まで新設したトヨタにとって、中国への進出はもはや悲願となっていた。可能性のあった「上海汽車」、「航天工業部(現・中国航天科工集団)」、そして「金杯汽車」との合弁話は、ことごとく潰れてしまった。航天工業部の話は、ある商社から持ち込まれたものだった。元々は、人民解放軍の国防部内の研究院の一つとして設立された組織で、研究目的は、ミサイル兵器システムの開発製造。施設の見学に行ったトヨタの社員が、あちこちにあるミサイルを見て仰天したというエピソードが残っている。つまり、およそ自動車とはかけ離れた組織にまで手を伸ばさねばならぬほど、トヨタは追い詰められていた。

焦った本社から服部のもとに来る連絡は、

「とにかく、中国で生産しろ」

という、切羽詰まったものになっていた。社長の豊田達郎、その意を受ける副社長の横井明《よこいあきら》、そして本社で直接、服部に指示を出す「渉外部アジア本部」は、まず実績を作りたい、実績を残したいという思いが強く、合弁先の良し悪しなど、度外視するような空気が充満していた。

そんな中に漏れてきたのが、

「天津汽車を助けてくれるならば……」

という、中国政府の誘い水のような言葉だった。その誘い水にトヨタは乗った。

本社の指示を受け、服部たちは「天津汽車」のある天津に飛んだ。

そもそも天津汽車は、1984年に「ダイハツ」が技術支援をして、自社の軽貨物車「ハイゼット」の生産を行っていた。しかし、東京の指示で天津汽車に出向き、トヨタ中国の社員が目撃した天津汽車製のハイゼットは、とても車と呼べるようなものではなかった。天津汽車が製造したハイゼットに乗った服部は、走っている途中で、車の天井が傾き、落ちてきたのに度肝を抜かれた。

「こんなの、車とは呼べないでしょう?」

新車だといって売っているハイゼットは、新車にもかかわらず、すでに傷だらけだった。しかし、こんな車とも呼べないような代物でも、安価なこともあって、当時の中国では結構売れたという。特に北京では、ようやくビジネスになり始めていたタクシー用の車両として、黄色に塗られたハイゼットが、北京の街を走っていた。しかし、車体の不備が続き、さらには運転手たちの乱暴な運転が問題となり、ハイゼットは北京市から〝走行不可〟、つまり走らせてはならないという、前代未聞の処分を受けてしまう。

ダイハツという、日本を代表する自動車メーカーが技術支援する車がなぜ、これほど粗悪な車となって、中国で製造されていたのか？　答えは簡単だった。ダイハツからの技術供与、技術支援といっても、日本からダイハツの技術者が派遣されて、直接技術指導したわけではなく、ハイゼットの設計図面を渡されただけだったのだ。天津汽車の未熟な技術者たちが、その図面から〝似て非なるもの〟を作り出して発売し、その自動車が実際に走っていたのだ。考えれば恐ろしいことなのだが、〝見様見真似の資本主義〟では、ある意味、〝何でもあり〟だったのだろう。同じようなことが、ダイハツがハイゼットの後に技術供与した、同社の看板車種「シャレード」でも起きた。天津汽車は、中国版シャレードを「夏利《シアリー》」という名前で売り出し、当初は爆発的に売れた。

それにしてもなぜ、このような杜撰《ずさん》な事態が進行したのか。ダイハツと天津汽車との間を取り持ったのは、商社の「豊田通商」だった。豊田通商を通じて、ダイハツ側から幾度も、合弁の話が天津汽車に持ち込まれた。その度に、天津汽車の反応は非常に前向きだったが、最後には、

「中央政府が認めてくれない」

というのが決まり文句となって、話は進まなかった。服部によれば、

「天津汽車は、中央政府の直轄なのか、天津市が主導しているのか、はっきりしない会社だっ

た」

という。ただはっきりしていることは、粗悪な車しか作れない天津汽車は、赤字を垂れ流している会社だということだった。当然、服部ら中国事務所の意見は、トヨタが合弁を組むのにふさわしい相手ではない、というものだった。けれども、中央政府の機械工業部幹部から、

「天津汽車を助けてくれるならば、合弁の可能性はあるかもしれない……」

という発言があったことは、服部も、そのまま本社に伝えていた。本社は、この報告に色めき立ってしまった。

とにかく中国での生産を、とにかく中国での実績を、と焦っていた渉外部アジア本部は、この発言に飛びついた。本社の意向があり、服部らは天津市に、「中国国産化技術支援センター（現・TTCC）」と名付けた事務所を開設した。いわば、合弁を見据えた出先機関のようなものだった。

本社では、服部らも呼んで、天津汽車との合弁の是非を問う会議が持たれた。

豊田達郎社長以下、中国進出を任されていた副社長、横井明、同じく副社長の高橋朗《あきら》らの幹部が顔を揃えた。服部から、機械工業部幹部の発言、天津汽車の実情などについて、報告が行われた。服部は言葉の端々に、天津汽車はトヨタが組む相手にあらず、というニュアンスを込めた。それを聞いた社長、豊田達郎の反応は、意外なものだった。

「（天津の）事務所の費用は随分と高いな……」

出席者は、顔を見合わせた。中国から来ていた服部ら中国事務所の面々も、一様に怪訝そう

な顔をした。それはそうだろう。悲願だった中国進出の是非を問う、重大な会議にあたり、社長がまず問題にしたのが、新たに開設された事務所の費用なのだから。

中国事務所の面々の、困った様子に助け舟を出したのが、高橋だった。

「社長、今の中国は何でも高いんですよ」

「そうなのか……」

達郎はつまらなそうに答えると、天津汽車との合弁の是非を問う資料に目を落としてペラペラと捲《めく》り、

「横井君、これよろしく頼むよ」

と言って、横井に資料をホイと手渡すのだった。中国に進出したいと言いながら、まるで他人任せのような態度に、服部は驚いた。

「豊田の家は天皇家みたいだ」と。

この会議の結果、トヨタは正式に合弁相手として、天津汽車を選ぶことが決まった。北京に取って返した服部は、早速、機械工業部との交渉に入った。服部は、元々が天津汽車との合弁には反対だっただけに、内心、非常に厄介なことになったと思っていた。

服部は、天津汽車の生産能力の低さ、また、どれだけ膨らんでいるかわからない赤字のことが、非常に気になっていた。さらに、それだけではなく、天津という土地柄にも危惧を抱いていた。

「天津という土地は非常に閉鎖的。北京なんかとはまるで違う。天津の人間は、中国でもあま

り好かれてはいない。閉鎖的なんだよ。一度入り込むと抜け出せなくなっちゃう」

しかし、中国での生産実績を最優先したい本社は、天津汽車の内情を、十分に精査するようなこともなかった。

機械工業部と、具体的な交渉を始めた服部たちだが、その要求に驚き、呆れ、そして怒った。彼らの要求は、とてもトヨタが飲めるものではなかった。機械工業部が示した意向は、まず部品の生産から始めるのであれば、天津汽車との合弁を認める、という内容だったからだ。当時、世界第2位の自動車メーカーに、部品だけを生産せよと、中国側は主張したのである。それができなければ、合弁は認めない。服部らがその理不尽さを説いても、頑として譲ろうとはしなかった。

中国側の主張はとても飲めない、と本社に報告した。ところが、本社の返事は、まったく予想外のものだった。

「言われた通りにやれ」

これが、本社の指示だった。トヨタの幹部らは、中国に進出した、中国で現地生産を始めたという形だけの実績でも欲しがった。長期的な戦略など、ほぼ皆無の進出だった。

「僕はね、中国人の考え方、気質がよく分かるんだよ。日本人には理解できないような行動も考えも、よく分かるんだ。東京から駐在に来たって分かりっこないんだよ、中国のことなんか」

20年以上も前のことであったが、服部の口調には無念と怒りが滲む。

「天津（汽車）なんて世界のトヨタが組む相手じゃないんだよ。部品を作ることしかできない合弁なんて……。だって、トヨタは部品メーカーじゃないからね、世界一の自動車メーカーですよ」

服部の無念さ、怒りに再び火がついたようだった。

「最終的には誰が判断したんですか？　誰が天津とやろうと……」

「なにも分かってない本社だよ。中国は僕に任せればいいのに……」

服部と本社との間に、少なくとも中国進出を巡っては確執があり、言外に、服部は外されていたような雰囲気が伝わってきた。日本人ながら中国で生まれ育ち、20代後半から、トヨタでサラリーマン生活を始めた服部の立ち位置は、常に微妙だったようだ。

副社長の横井は、理不尽を承知の上で、関係会社、子会社を回って、中国進出を承知させていった。

『トヨタ自動車75年史』には、天津汽車にまつわる記録がこう記されている。

1996年　5月　天津トヨタ自動車エンジン有限会社設立

1997年　2月　天津トヨタ鍛造部品有限会社設立

1997年　7月　天津津豊汽車底盤部件有限会社設立（ステアリングの会社）

こう記載されているように、念願の中国進出を叶えたとはいえ、車体を生産し販売してきたトヨタが、車体を作ることが許されない、〝部品〟だけを生産する会社としてスタートしたのだった。その背景には、中国中央政府の意向を100％飲んで、「なんでもいいから中国で現地生産をしたい」というトヨタの近視眼的な打算があった。

しかし、これはトヨタにとって異常な状況だった。もっとも負担がかかったのは、トヨタの半ば強制的な要請を受け入れて中国に進出した、部品メーカーだった。車体生産があってこその、部品メーカーである。しかし、肝心のトヨタが車体の生産を認可されなかったので、「アイシン」、「デンソー」、「荒川車体（現・アラコ）」といったトヨタと関係が深い部品メーカーは、天津汽車が生産する粗悪な夏利のためだけに、部品を供給していた。服部に言わせれば、

「天津という泥沼に引きずり込まれた」

という状況になった。

絶対的に生産量が少ない、天津汽車への部品供給で、採算が合うはずもなかった。予想通り、部品メーカーからは、すぐに悲鳴が上がった。「もうやっていけない」、「天津汽車の夏利への部品供給だけでは干上がってしまう」。わずかな生産で利益を出すことは、不可能だった。どのメーカーも、天津で生産したものに船賃を払い、日本へ輸出するような羽目になった。赤字だが、何もしないよりはマシだった。

「採算がまったく合わない。日本に帰らせてくれ」、「早く車体生産の認可をとって欲しい」、「トヨタはいつ進出してくるのか？」。

トヨタの中国事務所には、トヨタの依頼で天津に進出した部品メーカーからの悲鳴や不満が、毎日のように寄せられた。

そもそも服部が危惧していたように、天津汽車自体が、〝破綻企業〟の様相を呈していた。それでも中国政府のルールに則《のっと》り、天津汽車と合弁事業を立ち上げ、〝部品メーカー〟として中国進出を果たしたトヨタ。その中国での責任者は、服部だった。

ちょうどその頃、服部に一本の電話が入った。電話の主は社長、奥田碩だった。

「服部、一度、東京に戻って来いよ」

奥田の電話は、中国事務所代表から、東京本社への異動の辞令を伝えるものだった。服部は驚き、落胆した。

「奥田さん、なぜこの時期に東京に戻すんですか？　天津は大変なことになりますよ。中国のこと、何も知らない人がやったら、大変なことになってしまいますよ」

「まあいいから、一度東京に戻って来いよ。昇進だよ、服部」

服部は、まったく納得できなかった。その一方で、服部に対する批判が本社内で噴出していることは、薄々知ってはいた。

服部は北京で、トヨタのライバルでもある自動車メーカーの幹部と食事をすることが日常茶飯だった。ライバル会社の情報、たとえば顧客の嗜好《しこう》、売れている車、他社の人事情報などは、服部にとって極めて重要だった。そのために北京の事務所を留守にすることも多かった。「第一汽車」のある長春に顔を出し、「上海汽車」の代表と食事するために上海に飛び、「広州汽車」のオフィスに代表を訪ねた。こうしたことは、人脈で動く中国社会では当たり前のことであったが、中々理解はされなかった。

中国人と何ら変わることなく中国語で会話を交わすことにも、疑義の目が向けられた。「服部は、他の駐在員が中国語を理解しないことをいいことに、何か裏取引をしているようだ」といった批判が、服部の部下たちから本社に送られていた。服部は中国トヨタの中で、孤立していたのだった。

東京に戻り、奥田から聞かされたのだが、北京に取材に来る記者たちからの評判も悪かった。服部に批判的な記者たちが、東京に戻ってはトヨタの幹部に、服部の悪口を言い続けたという。

「服部さんは、中央政府から嫌われている」

と――。服部にも思い当たる節はあった。北京に取材にやってくる自動車担当の記者は、まず世界第1位の自動車メーカー、トヨタを訪れる。取材に応じるのは、中国事務所代表の服部だった。しかし、途中からまったく取材を受けなくなってしまった。服部によれば、中国のことをまったく勉強していない馬鹿な質問ばかりするので、ちゃんと勉強してから取材に来いと、記者たちを追い返していたという。服部は、こう振り返る。

「会社に抵抗して、僕は異端児扱いされて、それで東京に戻されたんだよ。僕の言うことを聞かないから、それからトヨタは中国では大変。政府から苛められて大変だった」

およそ6年の北京駐在の任を解かれて、1997年、服部は東京に戻ってきた。服部は、中国以外のアジア諸国、たとえば台湾、マレーシア、シンガポール、韓国といった国々の、販売促進を担当することになった。

服部が戻ってきた東京では、1995年8月に社長に就任していた奥田が、辣腕《らつわん》を振るっていた。創業家とは無縁な人物の社長就任は28年ぶりだった。若い頃から歯に衣《きぬ》着せずに直言する奥田は、上司から煙たがられる社員でもあった。トヨタの中では異色であり、型破りな社員だった。

社長就任の挨拶でも、奥田は従来のスタンスを変えることはなかった。トヨタの決まり事を次々に破壊して、奥田流の〝奥田ルール〟に変えていった。

「これからのトヨタは、何も変えないことが悪いことだと思って欲しい」

奥田は、社内での所信表明でこう宣言して、社員たちに変化を求めた。

奥田が社長に就任した1995年は、戦後日本の大きな分岐点となった年だった。

1月17日。兵庫県南部はマグニチュード7・3の激しい揺れに襲われた。「阪神・淡路大震災」だった。地震発生直後から対応の遅れが目立ち、救えるはずの命がそのために失われもした。止まぬ火災、倒壊したビルや高速道路は、日本社会の危機管理能力の欠如の現れだった。

それからわずか2カ月後、再び日本は震撼《しんかん》する。東京都心の地下鉄に、猛毒のサリンが撒《ま》かれたのだ。死者13名を出した大量殺戮《さつりく》事件は、その後、オウム真理教への強制捜査へと発展した。オウム真理教の幹部や信者に、有名大学出身者が数多くいたことによって、偏差値偏重の、日本の教育制度そのものが問われることにもなった。

やはり同じ時期に起きたのが、東京にある2つの信用組合の破綻だった。一見地味な信用組合の破綻だったが、そこからあぶり出されたのは、公的な存在であるはずの信用組合を利用した不正融資の実態であり、矩《のり》を越えた接待を受けていた、官僚たちの醜態だった。官僚の中でも図抜けていたのが、〝官僚の中の官僚〟といわれた大蔵官僚だった。不正な融資には、複数の政治家が関与していることも明らかになった。官僚システムの腐敗は、先の2つの事件同様に、戦後の日本を支えてきた制度が、根腐れしていることを示していた。それが戦後50年という節目に表出したのだった。

奥田が社長に就任した1990年代の半ば、こうした国家の根幹を揺るがす事件が相次いだ。バブルの後遺症はまだ重くのしかかり、経済発展を遂げる欧米、アジアとは対照的に、重苦しい雰囲気が国全体を包んでいた。そうした中、奥田一人が気を吐いていた。その象徴が、奥田の強い意思で開発を急がせ、販売を早めたハイブリッドカー「プリウス」だった。主な自動車メーカーが先陣を競ったハイブリッドカー。トヨタでは1999年末の発売を予定していたが、それを奥田は2年、前倒しさせる。

「世界に先駆けてこそ、意味があるんだぞ。二番手では何の意味もない」

奥田が、プリウスの開発を2年早めることを報告した役員会では、他の役員から異論も出た。

「無理させるのはどうでしょうか。無理させなくても、うちにはカローラもクラウンだってあるんですから」

これを聞いた奥田は、顔を真っ赤にして怒った。

「だからトヨタはダメなんだ。いつまで英二さんが作った車で商売するつもりなんだ。そんなんで生き残っていけるのか。どう生き残るのか説明してくれ。カローラもクラウンも、いつまでも俺たちを食わしてはくれないんだぞ。だからトヨタはダメなんだ。プリウスは絶対に、誰が何を言っても早めさせる」

奥田は間を置いて役員を見回し、

「他になにかあるか」

と言って、会議を終わらせようとした。しかし、会議は終わらなかった。開発現場の技術者から異論が出たからだった。1999年発売予定でもギリギリなのに、それを2年も早めるのは無理だというものだった。しかし、奥田は譲ることはなかった。

「君らはいつもそうじゃないか。排ガスでホンダに負けた時だって、そうじゃないか」

奥田が口にした「〝排ガス〟の時」というのは、1970年。当時、米国上院議員エドムンド・マスキーにより提案、制定された「自動車排出ガス規制法」、通称〝マスキー法〟は、世界の自動車メーカーを震撼させた。大気汚染物質である「一酸化炭素（CO）」、「炭化水素（HC）」を1975年までに、「窒素酸化物（NOx）」は1976年までに、それぞれ10分の1まで減少させるという、厳しい数値目標が設定されていたからだ。

米ビッグ3（GM、フォード、クライスラー）はもちろん、世界の名だたる自動車メーカーが、規制をクリアする画期的なエンジン開発に取り組んだ。トヨタの技術陣も総力を挙げたものの、成果は出なかった。自動車業界では、現行の技術では無理、とまで言われたものだ。

ところが、世界でただ1社だけが、規制を乗り越える画期的なエンジンの開発に成功した。バイクメーカーから四輪に進出して、まだ10年も経っていなかった日本のホンダだった。トヨタの人間たちが、〝バイク屋〟と見下していたホンダの前に、一敗地に塗れたのだ。

トヨタの経営陣は技術開発の現場を叱責した。現場は不眠不休で開発に臨んだが、ついにマスキー法を乗り越えるエンジンの開発には至らなかった。

会社の存亡を前に、トヨタは苦渋の選択をする。ホンダの軍門に降《くだ》り、莫大なカネを積んで、技術供与の契約を結ぶしかなかった。トヨタにとっては、忘れることのできない屈辱の歴史である。

奥田の前に居並ぶ役員たちは皆、その当時、それぞれの現場でその屈辱を味わった面々だった。奥田から〝屈辱の歴史〟を持ち出された技術陣は、黙るしかなかった。

奥田は現場に発破をかけ、開発を急がせた。言葉で圧力をかけるだけではなく、現場に何度も足を運んだ。開発幹部の誕生日には花を贈り、現場の技術者と車座になって酒を飲むこともあった。そうした時はウイスキーといわず、焼酎といわず、日本酒といわず、飛び切りの酒を用意した。つまみも奥田の秘書に用意させ、抱えて運ばせた。こうして奥田は、今までのトヨタの社長が見せたこともない行動で現場の心を掴み、やる気を起こさせた。

世界に先駆けて、プリウスは1997年12月10日に発売された。この日は、奥田が狙っていた日でもあった。翌11日には、地球温暖化対策について議論する「京都会議（COP3）」で、

「京都議定書」が発表されることになっていた。

〝地球環境に優しい〟プリウスを発売するには、絶妙なタイミングだった。奥田の狙い通りプリウスは、世界的な環境保護の流れに乗り、時代の申し子となった。２００３年に2代目プリウスが発売されると、レオナルド・ディカプリオをはじめ欧米の俳優たちが、プリウスでアカデミー賞の授賞式会場に乗り付けレッドカーペットを歩いた。プリウスは、時代のステータスシンボルにまでなったのだった。

奥田の視線の先には、常に改革があり変革があった。またそうした発想、行動を、トヨタの社員にも求めた。石橋を叩いても渡らないと言われたトヨタ。その社員に向かって奥田は、

「それだけ叩いて渡らなければ、その先には会社もなくなると思え」

と、檄《げき》を飛ばした。

若者には人気がなかったトヨタの車。そうした中、若手のエンジニアたちが提案した車がある。現在、「ヤリス」という車名に統一された小型車「ヴィッツ」だ。当時、「トヨタらしくない車を作った」と公言する若手エンジニアに対し、役員会では批判が相次いだが、奥田はこんな言葉で擁護し、開発にゴーサインを出した。

「私たち古い世代にはわからない車だ。だからやってみよう」

奥田は絶好調だった。プリウスは世界的に大ヒットし、達郎社長時代に落とした国内シェアも、40％台に戻した。停滞する日本にあって、奥田率いるトヨタだけが際立った存在だった。

一方、隣国の中国は〝高速経済発展〟の序章から、さらに飛躍しようとしていた。GDPの数値は、それを如実に物語る。

●1991年（単位は10億ドル。以下同じ）
中国　41321
日本　365735
服部が中国事務所代表として、北京に赴任した時のGDPは、中国は日本の9分の1程度に過ぎなかった。順を追って数字を見ると、中国の急激な発展ぶりが、はっきりと分かる。

●1997年
中国　95799
日本　449245

●2000年
中国　120553
日本　496836
1991年におよそ9倍あった中国と日本の差は、わずか9年足らずで4倍に縮まっている。

●2009年
中国　508899
日本　528949

●2010年

中国　6 0 3 3 8 3
日本　5 7 5 9 0 7
2 0 1 0年にはついにＧＤＰで中国は日本を抜き、米国に次ぐ世界第2位の経済大国へとのし上がる。服部が北京に赴いてから20年弱で、中国のＧＤＰはおよそ15倍に膨れ上がった。戦後60年間で日本が消費したセメントと同等の量を、中国はわずか5年で消費していた。セメントはビルに、道路に、空港に、駅にと、中国のインフラに惜しみなく消費されていった。道路が整備され、高速道路が網の目のように出来上がっていくなか、中国にもモータリゼーションの波が押し寄せていた。かつて奥田と服部が、天安門広場を埋め尽くす自転車の洪水を前に、「これが自動車に変わる日が来るかもしれない」と感じたことが、現実になり始めていた。

1 9 9 1年、服部が北京に着任した年は、自動車の生産台数は1 0 0万台をわずかに超える程度だった。それが2 0 0 0年には2 0 0万台となり、2 0 0 6年にはドイツを抜く世界第3位の約7 2 0万台を生産。そして2 0 0 9年には、日本と米国も抜き去り世界第1位の1 3 6 0万台を生産するまでに成長するのだった。自動車産業のメッカは、米国でもなければ日本でもない、という時代がやってきたのだ。

しかし、自動車産業が勃興した中国において、トヨタが合弁を結んだ天津汽車は苦戦、いや出口のない状況に陥っていた。

中国事務所代表の任を解かれ、服部に言わせれば〝外された〟数年間で、天津汽車の状況は、どうにもならないところまでいってしまったと、服部は語る。

「僕が外された4年間で、泥沼になっちゃった。奥田さん、張さんたちは、中国政府から天津市に呼ばれる度に、専用機で飛んで行った」

服部はここで言葉を切って、

「その度にね、持ち出しですよ、トヨタは。これね、ビジネスとは呼ばないでしょう？　中央政府や、天津市と交渉できる奴がいないんだから仕方がない。僕がいればと、何度も章一郎さんや奥田さんに、戻してくれって言ったんだよ……」

服部は憤懣やる方ないといった様子だった。

「服部さんがいたら、どうにかなったの？」

「どうにかなったさ」

服部は即答した。そして服部は、中国共産党の幹部、兪正声の名前を上げた。兪正声とは家族ぐるみで、家族ぐるみといっても独り身の服部と兪正声夫妻という意味だが、年に何度か食事をするような関係だった。兪正声の父、兪啓威は、機械工業部長時代に江沢民を見出した人物だが、初代の天津市長も務め、長らく天津市に強い影響力を持っていた。その影響力は息子、兪正声にも受け継がれていた。

「僕は、兪正声の紹介で、天津市長にも会っていた。頼めばすべてどうにかなるというわけではないさ。けれども、何のツテもコネもないよりは、はるかに優遇されるんだよ」

〝部品メーカー〟として、天津汽車と合弁事業を組み、中国への進出を果たしたトヨタ。しかし、天津汽車が生産する「夏利」に供給する部品だけでは、とても採算は取れなかった。トヨタが連れていったデンソーなどの部品メーカーは、赤字覚悟で何とか供給を続け、トヨタも後方で支援をし続けた。中国進出の代償は、恒常的な赤字だった。

こうした状況のなか、今度は天津汽車の、部品メーカーへの不払いが発覚する。部品メーカー数社を合わせ100億円近い代金が、未払いとなっていた。部品メーカー各社は、トヨタに交渉を委ねた。個別での交渉では埒《らち》があかなかった。トヨタの中国代表が、天津汽車の代表に支払うよう詰め寄ると、天津汽車の代表は半ば開き直ったように、

「払いたくても、払うお金がないから払えない」

と言うばかりだったという。

さらに詰め寄ると、天津汽車の代表も顔を赤くし、

「モノを作らせてお金を払わないのは詐欺だ。天津汽車は詐欺師の集団なのか」

「詐欺師とは何だ」

「だったら払え」

結局、トヨタの代表は天津市に訴え出た。窓口となったのは副市長だった。トヨタ側の説明を聞いた副市長は、怪訝そうな表情を見せて言うのだった。

「天津汽車は儲かっていると聞いている。なんであなたたちはお金というのか?」

「天津汽車がお金を払ってくれないから困っている。天津市は、天津汽車の親元なんだから、どうにかして欲しい」

トヨタ側の説明を聞いても、副市長の表情は懐疑的だった。部下に書類を持ってこさせ、それをトヨタ側に示しながら、

「やはり、これによれば生産が伸びている。儲かっているはずだ。我々も、その数字を中央（政府）に報告している」

トヨタ側は、こう反論した。

「それは違う。我々は現場で組み立てをしているからわかる。売れていないから、在庫も積み上がっている」

これを聞いて初めて、副市長は驚いたような表情を見せた。副市長も、トヨタの関係会社が天津汽車に部品を供給していることは、十分に知っていた。

天津市はすぐさま天津汽車の調査に入る。トヨタ側も驚くような早さだった。調査を急いだ天津市にも、トヨタの訴えを無視できない理由があった。この頃、中国の主だった都市は、お互いにその成長を競い合っていた。主要な都市の市長や市の幹部は、政府から派遣された、共産党の幹部でもある。市が抱えている会社の問題は、自らの出世、生き残りに直結していた。それだけに、トヨタ側の訴えを聞いた副市長は、直ちに天津汽車の調査に乗り出したのだった。

結果が明らかになるまで、さほど時間はかからなかった。調査に入ってすぐ、天津汽車が、10万台以上の在庫を抱えていることが判明する。大量の売れ残りによる不良債権は、２０００億円を超えるほどだった。天津市ばかりか、自動車産業を、国内産業育成の重要な柱と考えて

いた政府にとっても、問題の処理は、デリケートな政治的な意味合いを含んでいた。天津汽車は、実質的に破綻企業であった。天津汽車の幹部が背任で逮捕されるといった情報も流れた。トヨタの中国事務所に、

「天津汽車の代表が、ビルから飛び降りたという情報が流れているが、本当なのか?」

という問い合わせが、本社から入ることもあった。様々な噂が流れ、その度に東京本社は過敏に反応していた。歪《いびつ》な形とはいえ、やっとの思いで中国進出を果たしたのに、合弁相手先が破綻することは、トヨタの中国事業が消失することも意味した。中国事業を強力に推し進めていた者たちが、天津汽車の動向、政府の判断に、耳をそばだてる日々が続いた。

結局、天津汽車の幹部は逮捕はされず、そのまま残った。しかし、政府は2000億円もの不良債権処理を巡って、明確な方針を打ち出せずにいた。そして、トヨタの合弁事業が窮地に追い込まれたまさにその時、状況が一変する。

あれほど陳情を繰り返しても、認可が下りなかった「乗用車」の生産に、政府の認可が下りたのだった。

それには、こんな事情があった。その当時、不良債権の処理以上に、中国の政府が対処しなければならなかったのが、2001年の中国のWTO(世界貿易機関)加盟問題だった。

2000年段階で、自由貿易を原則とするWTO加盟が報道され、70~80%だった自動車の関税率が、2006年7月までに段階的に28%まで引き下げられることが伝わると、自動車の

販売が急激に衰えた。関税の段階的な引き下げ、つまり実質的な値引きになるまでの買い控えが、市場に広がったのだ。自動車の販売不振によって、行政当局は判断を迫られた。自動車産業の緩やかな衰退を選ぶのか、さらなる外資への開放によって、国内メーカーでは打開できない新たな競争力を獲得するのか——。そして、政府が選んだのは後者、つまり一層の競争力導入だった。その端緒として選ばれたのが、トヨタだったのだ。

天津汽車の不透明さは残ったままだったが、念願の乗用車生産ができるとあって、トヨタは一気に活気づいた。しかし、認可は下りたものの、足枷もついていた。

1　新工場の建設は不可。今ある天津汽車の工場を使うこと。

2　生産台数は、天津汽車に許している年間15万台の枠内。

条件付きではあったが、とにかく乗用車生産にこぎつけたトヨタ。天津汽車がトヨタのために提供した工場は、長らく使われていないボロボロの施設だった。床には水が溜まり、屋根の一部には穴が空いているような状態だった。

何があっても生産せよ、という本社の意向から、およそ50億円を投下して、工場の修理を行った。「トヨタ生産方式」の中核をなす部署「生産調整室」から技術者が派遣され、機材の配置や工場のラインの整備などがなされた。ストップウォッチを片手に、ラインが流れる最善のスピードを求める実験が、幾度となく行われた。こうして修繕なった工場は、どんどん〝トヨタの顔〟を身につけて行った。

2002年10月、念願の乗用車「ヴィオス」の生産にこぎつけたトヨタ。しかし、およそ2000億円もの巨額な不良債権を、天津汽車が抱えている危険な状態は解消されていない。

「2000億円の一部を、トヨタに肩代わりさせようという情報もあるなかで始まった、乗用車生産だった」

あるトヨタの幹部がこう述懐するように、中国でのトヨタの先行きは、予断を許さない状況が続いていた。この幹部は、改めて思い知らされた、という。

——ここ中国は共産党国家であり、トヨタにとってはやはり未知の市場なのだ、と。

第10章

起死回生の秘策

2001年6月、中国への復帰を願い続けていた服部に、ついに辞令が出された。中国への4年ぶりの復帰——、肩書は「トヨタ中国事務所総代表」だった。

辞令を服部に伝えたのは、会長となっていた奥田だった。すでに社長の座を張富士夫に譲っていたが、奥田は実質的な人事権を握っていた。辣腕をふるい、トヨタを世界ブランドに育て上げた奥田は、経団連の会長にもなり、政財界への強力な影響力も持つようになっていた。

これは先にも書いたが、当初、服部には、トヨタが中国で設立するバイオテクノロジー関連の研究所の所長、というポストが用意されていた。奥田が伝えた内示を、服部は言下に拒否する。一介のサラリーマンがトヨタの最高実力者に、目の前で「否」と言ってしまう。それほど服部と奥田の関係は、密なものがあった。

「僕には中国しかないんだよ。自動車しかわからないよ、奥田さん。バイオなんてなにもわからない」

奥田は苦笑いを浮かべ、自分にはっきりとノーと言う男を見つめた。そして、次に奥田が用意したポストが、中国事務所総代表のポストだった。

この時、奥田はもう一つ、重要な人事を発令している。豊田家の御曹司、豊田章男に対する「アジア本部本部長兼中国事務所所長」というものだ。

トヨタの企業としてのありようを次々と破壊し、変革していった奥田。奥田はトヨタの〝サンクチュアリ〟である創業家をも、破壊の土俵に載せようとしていた。創業家は、創業家として崇敬の対象ではあるが、〝創業家に生まれた者は社長になる〟という継承の仕方に、奥田は強い疑義を抱いていた。

「章男君程度の社員ならば、トヨタにはごろごろいる」

「社長になれるかどうかは本人のがんばり次第だ。創業家に生まれたからといって社長になれるものではない」

トヨタの社員が、聞いただけで身震いするようなことを、奥田は飄々《ひょうひょう》とした表情で語るのだった。

かつてトヨタの系列会社「小糸製作所」が、米国の〝乗っ取り屋〟とも呼ばれた投資家、ブーン・ピケンズに狙われた時、奥田は財務、経理の担当専務として、およそ2年間にわたり同社を守った。奥田はこの間、株主の論理、冷徹さを叩き込まれた。その奥田の目に映るトヨタは、歪んだ会社だった。創業家の存在意義は認めるものの、創業家出身者が社長になるという、明文化されていない〝空気のようなもの〟の存在を、奥田は認めるわけにはいかなかった。

奥田の狙いは創業家の継承者、章男の排除だった。裏を返せば、創業家出身者がトヨタの社長になる、と信じている豊田家にとって、奥田は最大の脅威だった。アジア本部本部長就任の挨拶に、章男が訪れた時のことだ。章男が、「天津汽車」との合弁で泥沼化している中国のトヨタを立て直すには、相当の資金が必要になるかも知れない、と口にすると、奥田は、

「君、やれよ、5000億でも6000億でも捨てていい（支援するの意味）。ぜひやってくれ」

と言って、章男を励ました。

しかし服部は、奥田の言葉の裏側にある〝深謀遠慮〟を、こう読んでいた。

「それだけのカネを入れて失敗したら、章男さんは〝ダメ経営者〟の烙印が押される。奥田さんはそれを狙っていたんだよ。それを機に、トヨタから豊田家を一掃するつもりだったんだ。奥田さんは策士なんだよ、これくらいのことは平気で考えるんだ」

しかし服部は、別の意味で、奥田の〝計画〟は危険を孕《はら》んでいると考えていた。それは、天津汽車のある天津という街の気質だった。天津は北京、上海、重慶とともに政府が直接統治する直轄市。服部によれば、非常にプライドが高く、と同時に外国人に対する警戒心が強く、排外的な気質があるという。

「そんな天津で、何千億円もトヨタがカネに物を言わせて、天津汽車のリストラなどやろうものなら暴動が起きる。これは冗談じゃないんだよ、本当に」

服部は、章男にそんなことをさせる気は、毛頭なかった。

2001年5月、章男と服部は、中国の地に降り立った。2人を待ち受けていたのは、天津

汽車の惨状だった。

だが、2人には強い追い風も吹いていた。その意味では、章男も服部もツイていた。追い風とは何か――。それは、中国のWTO（世界貿易機関）加盟への動きだった。WTO加盟は、まさに中国の〝経済大国化宣言〟に他ならなかった。

中国という巨大な龍をWTOに向けて牽引し、特に米国との交渉を重ねてきたのは、国務院総理の朱鎔基だった。WTOへの加盟なくして、中国のさらなる経済発展はない。朱鎔基は交渉が始まった1990年末、こんな言葉を発し、その決意を示した。

「海外企業との競争にさらされることによって、初めて中国の巨大ではあるが非効率な産業が鞭《むち》打たれ、引き締まり、世界に伍して行けるようになる」

朱鎔基は、世界との競争こそが中国の産業を育て、中国の経済を発展させると信じていた。そのために最も有効な手段が、WTOへの加盟であった。

鞭打たれ、引き締められるべき産業の一つが自動車産業だった。技術的に先行する外資との合弁事業によって、成長を遂げてきた中国の自動車産業。しかし、当初から鉄鋼、化学などと並んで、産業基盤の脆弱さが指摘されており、WTO加盟後は淘汰や合併によって、70％近くの弱小メーカーが消えるだろう、と予想されていた。

また、国によって完全に管理統制されていた産業政策が、市場経済とまったく噛み合わなくもなっていた。官製の自動車政策にノーを突きつけたのは、中国の自動車ユーザーたちだった。マスコミ報道やインターネットを通じて、中国の消費者も世界の最新の商品知識や質の高いサービスの存在を知るようになっていた。自動車産業に先行する家電メーカーが、日本のサービスを真似てユーザーの心を摑んだように、自動車産業も旧態然としたままでは、立ち行かなくなる――、こうした危機感が、ようやく中央政府を動かした。

ＷＴＯへの加盟を前にして、政府が乗用車生産の認可を与えた天津汽車の、事実上の破綻という現実は中国にとって頭の痛い問題だった。まして天津市は、北京、上海、重慶と並ぶ、政府の直轄市だ。対応を間違えれば、政府に及ぶ政治的な影響も少なくないと見られていた。

「服部さんは戻された日本で、天津汽車の状況は把握していたんですか？」

「もちろんだよ」

服部は即答した。言葉に力が籠もっていた。

「僕は外されて日本にいたけれど、北京にいるトヨタの社員よりも僕の方が知っていたよ、天津の様子は」

「人脈ですか？」

服部は答える代わりに、わずかに頷いた。１９９７年に日本への帰国を余儀なくされたが、服部はその後も、アジア担当の幹部として、アジア各国を積極的に回っていた。そうした中で、中国に寄ることもしばしばあったという。

「機械工業部や、他の自動車メーカーの人間なんかと会っていたな。だから、天津汽車の様子はよく分かっていたし、政府の意向も、僕は知ってた」

「知ってた？」

服部は、さも当然というような表情で頷いた。

服部は、中国共産党の幹部や、「第一汽車」、「上海汽車」、「広州汽車」といった有力自動車会社の代表と話して、直接情報を取っていた。その上で、中央政府が推し進めているWTO加盟に向けての動きと合わせて類推し、ひとつの〝確信〟に辿《たど》りついていたのだという。それは、

――政府の意向は、天津汽車をどこかに買収させ合併させることだ。

というものだった。その上で、服部は覚悟をもって2度目の中国に赴いた。問題を解決する秘策が、服部の胸のうちにはあった。

「服部さんにすべて任せる」

上司であるアジア本部本部長の章男は、父、章一郎から言われていたように服部に信頼を置き、できうる限りの裁量を与えた。章男自身が差配するには、あまりに中国のことがわかっていなかった。

ここからは、服部の独壇場だった。

服部は北へ、南へと飛ぶ。北で服部を待っていたのは、第一汽車の董事長で、旧知の徐健一だった。自動車産業を含む巨大利権〝機械工業閥〟を束ねる江沢民一派の有力者であり、「全国人民代表大会(全人代)」の吉林省代表でもある徐は、国有自動車会社の代表という以上に、自動車産業全体に強い影響力を持っていた。

前回の中国赴任以来、徐との関係を築いてきた服部にすれば、自身が温めていた秘策のパー

トナーとして、徐ほどうってつけの人物はいなかった。

「徐先生」

こう呼びかけ、服部は自らの秘策について、率直に徐に打ち明けたという。

中国では国策として、外資は中国の自動車メーカー2社としか合弁事業を組むことができない。トヨタの合弁相手の1社は、粗悪な小型車しか生産できず、2000億円もの赤字を抱えた天津汽車、そしてもう1社は、四川省成都にある「四川旅行車」だった。すでに同社との間で、「四川トヨタ」を設立していた。四川トヨタは、商用車（マイクロバスなど）を生産する合弁会社で、トヨタが熱望していた乗用車生産のために、これ以上の中国企業と合弁を組むことは許されない状況だった。

この袋小路の状況を一気に打開するべく、服部が考えた秘策――、それが、有力国有自動車会社である第一汽車に、天津汽車を買収させることだった。

第一汽車による天津汽車の買収は、第一汽車が、新たなトヨタの合弁のパートナーとなることを意味した。もともと乗用車生産を認められている第一汽車との合弁は、泥沼にはまりこんだトヨタを救う、乾坤一擲《けんこんいってき》の策だった。それを実現できるのは、虚々実々の駆け引きが可能な服部しかいなかった。

徐にとっても、決して悪い話ではなかった。第一汽車は、上海汽車と並んでフォルクスワーゲンと合弁を組み、国民車と呼ばれるようになるほど「サンタナ」を売った実績を持っていた。しかし、ユーザーの好みは、中国が豊かになるに連れて変化し、古いタイプのサンタナが売り物である第一汽車のラインナップは、変革を求められていた。世界的に売れているトヨタと組めるのは、大きな魅力だった。また、天津汽車を買収することで、中国東北部を代表する会社から南下して、天津、北京にまで、商圏を拡大できることも好条件だった。

また、服部の提案は、徐の政治的思惑にも合致するものだった。WTO加盟によって、自動車業界も淘汰が必然と思われていた。そうした状況下にあって、天津汽車の2000億円もの負債処理には、国のメンツがかかっていた。単に天津市だけの問題ではすまされなかった。そこで、倒産ではなく第一汽車との合併という体裁が取れれば、国の傷は最小になり、自動車産業を抱える〝機械工業閥〟も、傷口を広げずに済む。

服部と徐、両者の腹の内は一致していたが、服部はそれ以上の交渉は、意図的に避けた。服部は徐を焦《じ》らそうとした。徐に向かって、

「広州汽車の張も興味を持っているから、少し時間をください」

と、服部はあえて断りを入れている。交渉の主導権は、服部が握り続けた。

事実、服部は北の長春から一転して、南の広州に飛ぶのだが、この時点では、広州汽車の董事長、張房有とはまだ何の話もしていなかった。服部らしい駆け引き、ブラフだった。

「天津汽車の処理に、トヨタは1円も出さないよ」

服部は筆者に、こう続けた。

「中国人同士で殺し合えばいい。トヨタには無関係なこと」

中国人同士で〝殺し合う〟とは、強烈な言葉だ。服部の言いたかったことは、中国人が作っ

た赤字は、中国人が処理をしろ、ということである。天津汽車の2000億円にもなろうかという赤字を、補塡するなり処理するのはトヨタではなく、第一汽車か広州汽車か、いずれにせよ中国の事業者が、責任を持って処理をしろという意味だ。

服部は長春の徐に、思わせぶりな言葉を残し、広州に向かった。広東省の省都、広州市は1500万の人口を抱え、上海市と並んで中国の経済を牽引する巨大都市だった。

広州市には、すでに本田技研が「広州本田」として進出。また2003年に、「東風汽車」(湖北省武漢市)と合弁を結んだ「東風日産自動車」も工場を構えるなど、広州市は中国の中でも、特に自動車産業の誘致に積極的だった。しかし服部は当初から、広州汽車が天津汽車を買収することは、期待していなかったという。

「国直営の第一汽車には、天津(汽車)を買収する大義名分が立つが、広州(汽車)にはそれがない」

服部はそうした背景を承知の上で、わざわざ第一汽車の後に、広州汽車の張房有を訪ねた。それはなぜか?　服部によれば、第一汽車が天津汽車を買収すれば、第一汽車との合弁事業がトヨタに新たな展開をもたらすことは間違いない。だが、

「北と南の市場規模がまったく違うし、また第一汽車を牽制する意味でも、広州汽車との交渉は非常に重要だった」

と言う。服部はあからさまに、第一汽車と広州汽車とを天秤《てんびん》にかけたのだった。服部は前もって、天津汽車を買収してくれるところをトヨタが探している、という情報も、それとなく自

動車大手の上海汽車や広州汽車などに流していた。

「だからね、流したおかげで、ライバル会社同士が牽制し合うわけだな。買収の値段は上がるし、トヨタが黙っていてもいい条件を出してくるわけだよ」

強気な交渉ができたのは、トヨタのブランド力があればこそだった。「プリウス」が時代を象徴するような存在となり、トヨタは自動車の販売台数でも、世界一になっていた。世界のリーディングカンパニー、トヨタ自動車の名前は、魔法の呪文のような力を持っていた。

利があれば動く——。トヨタのブランド力に加え、服部は中国人の気質を熟知していた。

「駆け引きをするのは好きだ」

こう言って憚らない服部は、広州汽車の張房有にもこう告げた。

「トヨタが広州汽車と組んで広州に進出すれば、日本の〝ビッグ3〟が広州に出揃う。広州はデトロイトを抜く」

「広州はデトロイトを抜く」。服部の殺し文句だった。日系自動車メーカーの3強であるトヨタ、日産、ホンダが出揃うのも、広州汽車の張の心を揺さぶるには十分だった。何より世界一の自動車メーカーとの合弁だ。しかし、張は危惧も口にした。

「トヨタは四川（旅行車）とも、すでに合弁をやっている」

指摘するのは当然だった。服部はいとも簡単に返答する。

「大丈夫だ。解決できる。もう準備に入っている」

服部は、第一汽車による天津汽車買収の秘策を練っている時、様々な問題を一挙に解決する構想の全体像をも、上司の章男にだけは伝えていた。

「他には伝えなかったんですか？」

「そう、伝えてない。章男ちゃんにだけは伝えた。東京の渉外部にも伝えてない」

「奥田さんにも伝えなかった？」

「いやいや、奥田さんには伝えてたな、流石に。後で協力してもらわないといけないから」

「章男さんの社長のことがあるのに、奥田さんは反対しなかったんですか？」

「反対なんかしなかったな。たぶん、うまく行かないと思ってたんじゃないかな。こっちが、こうするああすると言っても、『そうか、そうか』って言うばかりだった」

服部は章男のことを、どこか同志のような視線で見るところがある。少なくとも、章男は素直で従順だった。服部に任せると言ったら、最後まで服部に任せた。それでも、最初に第一汽車による天津汽車の買収構想を伝えた時は、

「そんなこと服部さんできるの？　国が許さないいんじゃないの？」

と、非常に驚いていたという。

そんな章男に服部は、自ら描いている構想を丁寧に説明した。第一汽車がどのような会社なのか、董事長の徐と自分との関係はどうなのか……。服部は、章男に説明しながら強調した。

「章男さん、ここは中国。中国人のことを、共産党の政治を知らないと、物事は動かない。中国人のことを、トヨタで一番知っているのは僕です。だから、僕を信じてください。僕に任せ

てください」

服部の言葉に章男は素直に頷き、

「服部さんにお任せします。僕にできることは何でも言ってください」

と、ペコリと頭を下げた。

「章男さん、あなたは素直だし、お父さんよりずっとビジネスセンスがありますよ。名誉会長には怒られちゃうけれど……」

服部へのインタビューでは、豊田の創業家である豊田章一郎、章男に話題が及ぶことが度々あった。印象としては、はるかに章男にシンパシーを寄せていることが感じられた。服部は章一郎のことを、「お公家さんのような人」と評することがあった。物事を決断せずに、部下に丸投げするような姿勢を、服部はあまり好ましく感じていなかったようだ。

服部はこの頃、北京の「機械工業部」や「国家発展改革委員会」に顔を頻繁に見せる一方、第一汽車が本社を置く長春市にも、何度となく足を運んでいた。第一汽車の徐の口ぶりから、徐と機械工業部との話し合いが、煮詰まってきていることもわかった。服部の描いた構想は、具体的な輪郭を見せ始めていた。

ところが、服部の前に思わぬ障害が現れる。それは身内のトヨタ内部からだった。

「児玉さん、酷いもんだよ」

服部は思い出すのもウンザリ、という表情を見せた。

「僕は、トヨタのためにすべてやってたんだ。章男さんだって、それを分かって協力し、僕の言う通りに動いてくれた……、ただオフィスにいて、東京にいて、何もしない連中が、僕のことを非難する。おかしいでしょう、児玉さん。彼らはトヨタのために何もしていないよ。服部に文句を言うだけ」

第一汽車に天津汽車を買収させるという、一流の投資銀行家が考えそうな驚天動地のスキームを、服部は一人で具現化しようとしていた。その中身を知っているのは上司である章男、会長の奥田碩、社長の張富士夫、名誉会長の豊田章一郎など、ごく限られた者だった。とはいえ、何かがありそうだ――、という情報は漏れる。北京の事務所でもほとんどの駐在員が、総代表が独断で何か動いている、と見ていた。服部のやり方、服部のビジネススタイルに疑義を持つ者は、服部の動きを逐一、東京に報告していた。曰《いわ》く「服部総代表が暴走している。このままだと政府との関係が危うくなる」と。

「服部は中国人なんだよ。中国語だってネイティブだから、彼に第一汽車や、機械工業部の人間と話をされると、一体何を話しているのかまったくわからない。良からぬ約束や裏取引だって、こっちにはわからない」

こんな理不尽な声まで、服部に聞こえてきた。

服部には、こうした類の批判、陰口がつきまとった。たしかに服部は、狷介《けんかい》な人間だ。その上、自らを恃《たの》むところが厚く、好んで人と交わることもなかった。中国で27歳まで育ったという特異な生い立ちもあり、服部はやはり異端な存在だった。奥田のように服部の能力を愛し、守り続ける上司がいなければ、服部はどこか孤立してしまう存在だった。

それゆえに、ひとたび目立つと、目立った以上の雑音を引き起こした。

「児玉さん、僕は日本人で、トヨタのために全力で働いたよ……。文句を言う奴らは働かない奴ら。人の悪口を言うか、嫉妬しかできない奴らだ」

とはいえ、服部の計画が明らかになるに連れ、疑義の声が出ることも仕方なかった。それは、第一汽車や天津汽車といった単一の企業の問題ではすまされない、中国政府が今後の自動車産業のあり方をどう考えているのか、そのグランドデザインが問われるような、大胆な計画だったからである。幹部から疑問の声があがる度に、章男は東京に戻って説明し、同意をとりつけていった。

「服部さんが説明するよりも、私が説明しましょう」

章男は、服部の〝名代〟を買って出てくれた。

服部と章男が北京に赴任して、およそ1年後――。服部が描いた、第一汽車が天津汽車を買収（資本提携）するというウルトラCが、ついに現実となった。これにより、トヨタは服部の狙い通り、第一汽車との合弁事業が実現し、フルラインナップの乗用車生産への道が開けたのである。わずか1年余りで、服部は、この離れ業をやってのけた。

2002年8月、北京の人民大会堂で行われた、第一汽車との合同調印の共同記者会見には、東京から張富士夫社長、白水宏典《しらみずこうすけ》副社長、神尾隆《かみおたかし》専務らが顔を揃え、ひな壇の末席に、豊田章男の姿も見られた。トヨタにとっても、豊田章男にとっても、そして服部にとっても、晴れがましい日だった。自らの成果を満天下に知らしめる場でもあった。1996年、トヨタが部品メーカーとして中国に進出した屈辱から、解放される日でもあった。

第一汽車とトヨタの合弁調印に先立ち、同様に重要な合弁事業が実現していた。同年6月に第一汽車が天津汽車を実質的に買収、その新生なった第一汽車に対して、四川旅行車が四川トヨタへの出資分を譲渡し、「四川一汽トヨタ」誕生への道を開いたのである。四川トヨタを第一汽車に身売りする、この構想も服部が描いたものだった。広州自動車の張が指摘した「トヨタは四川とも合弁をやっている」という危惧に対して、「大丈夫だ」と服部が太鼓判を押したのは、こうした背景があったからだ。後の2005年、新たに誕生した四川一汽トヨタは、海外では初となるプリウスの生産を始めることになる。

服部が描いた再編劇により、中国のトヨタは一気に活気づいた。2003年に、「天津一汽トヨタ」が誕生。部品メーカーとして進出していた天津に、新たな土地およそ100万平方メートルを確保する。年間生産台数50万台規模の生産拠点を築く計画で、その計画立案は服部と章男との合作だった。服部は、中国という大きなキャンパスに自らの夢を、トヨタの夢を描いていった。トヨタを救った起死回生の合併劇、合弁劇、そして再編劇によって、服部の存在感は益々高まった。

2004年には、満を持して広州汽車との合弁を実現し、「広汽トヨタエンジン」、「広州トヨタ（現・広汽トヨタ自動車）」を相次いで誕生させる。これでトヨタは、南の大経済圏に大きな橋頭堡を築くことになった。これも、四川トヨタを第一汽車にいち早く身売りしていなければ、〝2社ルール〟に抵触し、実現できなかった計画だった。そこまで見通していた、服部の功績は計り知れない。

広州市南部の南沙開発区。トヨタに用意された土地は、およそ220万平方メートル、東京ドーム約47個分に相当する広さである。そして、大通りを挟んで広がる350万平方メートル（およそ東京ドーム74個分）の土地には、関連の大手部品メーカー13社が入ることになった。2つの土地を合わせて実に570万平方メートルという広大さである。かつては、バナナ畑が一面に広がっていた平地に、急ピッチで建設されるトヨタの生産工場は、中国トヨタの輝かしい未来を指し示していた。

天津に建設される生産工場では、カローラ（2004年2月）、クラウン（2005年3月）の生産が予定され、広州ではカムリ（2006年5月）、ヤリス（2008年5月）の生産が予定されていた。服部は、この2つの土地に足を運ぶ度に、感無量の思いを感じていた。それはそうだろう。すべてのレールを服部が敷いた、と言っても過言ではないのだから。

「いつか生産台数で、中国が日本を抜く日が来る。中国が世界最大の自動車市場になる。そのための準備を、トヨタもしなければならない」

東京に戻る度に服部は、役員たちにこう言い続けていた。中国戦略を決める役員会の場でも訴え続けた。けれども、役員たちの反応は冷ややかだった。明らかにせせら笑う者さえいた。

ところがどうだ。2005年には、米国、日本、ドイツに次いで世界4位の生産台数だったた中国は、翌年にはドイツを抜いて世界3位となり、2008年には934万台を生産して米国を抜き、2009年にはついに日本さえ抜いて、世界1位の座についた。服部の予言からわずか5年足らずだ。中国の自動車マーケットの拡大は、世界の自動車メーカーがかつて経験したことがないスピードと規模だった。

自動車市場の急拡大の波に乗って、トヨタもかつての泥沼が嘘《うそ》のように、マーケットシェアを拡大していく。プリウスを始め、カローラ、カムリと、どの車種も好調だった。2008年、北京オリンピックに合わせて投入された「レクサス」は、豊かになった中国人の圧倒的な支持を受けた。

自動車の市場は、活況を呈していた。当然のようにトヨタも、販売網の整備を急いだ。中国市場で人気が高い、トヨタ車の販売店を運営したい者たちが、トヨタの中国事務所に群がった。事務所前には人が列をなした。トヨタの販売店はカネになるからだ。目当ては、総代表の服部だった。

その中でも目立って、服部のもとに通う男がいた。本社を香港に置き、中国本土で自動車の販売店を展開している黄毅《こうき》だった。彼が創業した会社「中升集団《ジョンシエン》」は、香港株式市場で株式を公開。有力な投資会社から資金を調達するなど、今や香港を代表する銘柄にまで成長している。

その黄は、ことあるごとに、

「服部先生」

と言って、服部のところに顔を出しては、トヨタの販売店の権利を獲得していった。「メルセデス・ベンツ」、「アウディ」、「BMW」などの高級車を扱う有力な販売店だったが、レクサスが中国の富裕層に爆発的に売れ始めると、黄は今までにもまして頻繁に、服部を訪ねるようになった。トヨタにとっても、黄毅は販売の有力なパートナーだった。

黄は、江沢民に連なる家の生まれで、やり手ではあるが中国人にしては控えめな男だった。大成功し富豪になっていたが、そうした派手さとは無縁の男だった。章男も、黄のそうしたところを好んだのか、トヨタのオフィスに黄が顔を見せると決まって、

「服部の義理の息子の豊田です」

と、笑って挨拶をするような関係になっていた。トヨタの車が売れ、販売店も増える。章男に対する奥田の目算は大きく外れることになったが、トヨタ中国は予想以上に成長していった。

2005年6月、服部とともに中国市場を開拓した豊田章男は、副社長に昇進し、中国を離れることになった。2001年に赴任した章男は、服部の力を借りたとはいえ、泥沼状態だった中国市場に、世界のトヨタにふさわしい確固たる拠点を作り上げた。叔父の豊田達郎の失地を見事に回復してみせた。服部の存在なくしてあり得なかったが、中国市場を担当する「アジア本部本部長」として、堂々たる実績を作っての〝凱旋帰国〟だった。〝創業家出身社長〟への道が、大きく開かれた瞬間でもあった。

もし服部のウルトラCがなければ、豊田家一掃を目論んだ奥田の陰謀通り、数千億円を投じても泥沼から抜け出せず、章男はその詰め腹を切らされたかもしれなかった。服部が描いた秘

策——、第一汽車による天津汽車買収、四川トヨタの第一汽車への身売り、そして広州汽車との合弁設立、この3点セットが成功したからこそ、トヨタは、反転攻勢に出ることができたのだ。服部というまれに見る戦略家なくして、トヨタの中国市場での成功はあり得ず、豊田家の血の継承もなかったかもしれない。

服部の活躍を誰よりも喜んだのは、章男の両親だった。それはそうだろう。服部が中国でミソをつければ、章男の社長への道が遠ざかったことは、明らかだったからだ。

先に記した通り、章男の父、章一郎、母、博子は2004年、服部を豊田市のトヨタ本社の名誉会長室に迎え、最大級の言葉で労《ねぎら》った。博子は、「気に入ってくれるといいんだけど……」と言って、赤いネクタイを服部に贈った。章一郎は、普段は見せないほどの笑顔を浮かべていた。章一郎は言うのだった。

「来年にはね、服部さんを役員にするからね」、「服部さんに自家用ジェット機をプレゼントするよ」。

これで報われた、と服部は思った。日本に帰国して35年、自分は今、世界のリーディングカンパニーとなったトヨタの役員に、名を連ねるところまできた。服部は、誇らしかった。サラリーマンならば、誰もが憧れるポストである。ましてや、29歳で中途入社した自分が役員になれるとは……。服部の胸は躍った。

「昔のこんなのもネットに残ってるんだよ」

服部が笑顔で見せてくれた画像がある。２００６年11月、服部が広州市から、「広州市栄誉市民」の称号を授与された時のものだ。

広州市は、トヨタと広州汽車との合弁会社「広州豊田汽車有限公司」などの経済活動が大きく広州市に寄与したとして、トヨタ中国事務所総代表の服部に、栄誉市民の称号と勲章を授与した。この日、名誉会長の章一郎も受勲したのだが、式典に参加したのは服部だけだった。ダークグレーのスーツに白いワイシャツ、赤いネクタイ。勲章を掲げて記念写真に収まる服部は、誇らしげだった。なにより驚くのはその恰幅の良さで、自信に満ちたビジネスマンそのものだ。

「服部さん、立派ですね。貫禄じゃないですか」

素直な気持ちだった。だが服部は茶化されていると思ったのか、喜ぶ様子もなく、

「勲章もどこに行ったか分かんないし……。まあ、章一郎さんがもらえって言うから、もらっただけでね……」

投げやりな反応だった。確かに当時のことを思えば、服部が複雑な思いを抱くのも、わからないではなかった。

中国市場でもがき苦しんでいたトヨタ。そのトヨタにとって、窮余の一策となった歴史的な提携・合弁劇。トヨタの歴史のみならず、中国の自動車産業史にも深く刻まれていい、世紀の〝買収劇〟を、中心人物として指揮したのが服部だった。章一郎は服部を褒め称え、服部は小躍りして喜んだ。日本人であるがゆえに差別の対象となり、中国で筆舌に尽くしがたい経験を

重ねた。飢えに苦しみ、過酷な環境を生き延びてきた服部にとって、トヨタの役員に名を連ねるということは、そのルサンチマンを晴らし、カタルシスを得るのに十分な栄誉だった。

けれども、それは実現されることはなかった。すべては、空手形にすぎなかった。結果として、広州市から叙勲されたこの時が、服部にとって、まさに人生の絶頂期となったのである。


副社長に就任した章男は、凱旋将軍のように中国を去ったが、62歳の服部は、中国に止まったままだった。章男に代わって、佐々木昭《あきら》（後の副社長）という上司がやってきた。相変わらず、中国市場でトヨタは好調だった。ところが、トヨタ車が好調な売上を示すのとは裏腹に、服部の悪い評判が立ち始める。お金に関する悪評だった。

小説『トヨトミの野望』にも、こんな一文がある。

〈噂では中国各地のディーラーにトヨトミ代理店の権利を与えるかわりにリベートを要求し、その総額は日本円で十億とも二十億ともいわれる。中国では燃費がよく故障の少ないトヨトミ車は大人気だ。現物さえあれば買い手はいくらでも付く。ディーラーは巨額のリベートを払っても十分にペイするのだろう〉

当時、トヨタ車の好調な売れ行きから、その販売店になろうとする業者は引きも切らず、服部詣でをしていた。極端な話、誰が売ってもトヨタの車は売れた。すでに販売店になっているところから、「あと50台レクサスを回してくれないか」というような要求も、しょっちゅうだった。それほどトヨタの車は絶大な人気を誇った。

たしかにおかしな風景だった。トヨタの販売店があるわずか100メートル足らずの先に、またトヨタの販売店がある。こんなことは日本ではまず起きない。それが中国では起きるのだ。それは、カネの力だと言われた。裏金を服部に払えば、トヨタの販売店になれる。こんな風評が立っていた。販売店の権利の見返りは、4000万円ともいわれていたという。

角砂糖に群がるアリのように、トヨタ中国事務所の服部のもとには、トヨタの販売店目当ての中国人たちが群がった。彼らが服部を訪ねる時には、必ずといっていいほど〝紙袋〟を持参していた。中には現金が入っていたのだろうが、さすがにそれをおおっぴらにすることは、彼らでさえも躊躇した。しかし、〝紙袋〟に入っていた別のもの、それは大体は金無垢《きんむく》を施したロレックスだったが、それを無造作にいくつも取り出しては、今日のお土産といって憚らなかった。金無垢のロレックスは、まるで挨拶代わりのように手渡された。それは、服部に限ったことではなかった。トヨタ中国事務所には、服部以外にも幹部は何人もいた。彼らもそうしたロレックスの〝挨拶〟を、日常茶飯のように受けていた。

トヨタの人気は沸騰していた。トヨタの代理店はカネを生む、打ち出の小槌《こづち》だった。利にさとい、服部に言わせれば〝ビジネスライクな中国人〟が、放っておくわけはなかった。あの手この手で、その打ち出の小槌を手に入れようとした。人民解放軍北京軍区の大幹部を父に持つある中国人も、トヨタ中国事務所に日参していた。その中国人は、父親の権力を見せつけるかのように、北京軍区の軍用車数台を連ねて事務所にやってきては、挨拶代わりのロレックスをばらまいていた。中国人はロレックスが好きなようだった。

販売店に権利を売って、服部が裏金で稼いでいる――。こんな噂を、中国の駐在員たちは、せっせと東京本社に送った。

「4000万円？　そんな無茶苦茶な……そんなお金をもらってたら、もっと金持ちになってるよ、僕は……」

カネの話を聞いても、服部は淡々としていた。それは、「中国社会で〝裏金〟は潤滑油だ。それがないと社会は回らない」と服部が話すように、中国社会で何とか生き抜いてきた男にとって、裏金は、驚くにも値しない〝常識〟であるからなのだろう。

ある時、副社長となっていた章男から、北京に電話がかかってきた。

「英二さんの見舞いに行きたいんだけど、よく知らないから服部さん付き合ってよ」

服部にとって、章男はいわば〝戦友〟だった。かつてこんな言い方で、服部は章男を評価してみせた。

「僕を上手く使ってくれたのは、奥田さんと章男ちゃんの2人だけ」

名古屋の本社で久しぶりに会った章男は、笑顔で服部を迎えた。他愛のないやり取りをしながら連れ立って、豊田市内の病院に入院していた豊田英二を見舞った。章男は、〝トヨタ中興の祖〟である峻厳な身内にあまり近づかなかったこともあり、英二が可愛がった服部を誘ったようだった。服部にしてもたいした仕事もなく、時間を持てあましていたところに、いい気晴らしだった。英二は2人を歓迎した。章男は緊張しているようでもあった。

「章男さんが、英二さんから学びたいって言うから、僕がお連れした。さあ、章男さん、大いに学んでください」

服部は司会者のようにおどけて、２人の間に入っていった。服部は嬉しかった。英二の病室には、かつて英二が訪中し、国家主席だった江沢民と会談した時の写真が飾られていたからだ。英二と江沢民の間で通訳をする、服部の若かりし姿も写っていた。

「章男君、服部君は凄いんだよ。ものすごい苦労をしてね。君も中国で助けられたそうじゃないか」

「今の（トヨタの）中国があるのは、服部さんのおかげなんです」

豊田家の若き後継者の返答に、英二は嬉しそうにこう返した。

「そうだろ。服部君は本当に凄いんだ。努力家でね」

服部は、昔から自分を可愛がってくれた英二の言葉を聞いて、ここ数年の胸のつかえが取れるようだった。とても心地良い時間を過ごすことができた。

英二との面会が終わると、章男は服部を本社に誘って、２人でお茶を楽しんだ。章男は努めて笑顔だった。

「服部さん、もう若い役員に任せて、顧問に専念してください。もう何もやらんでいいですよ。僕がいる限り役員待遇ですから」

突然だったが、事実上のリタイア勧告だった。

２０１０年、67歳の服部は章男の特別なはからいで、顧問、さらに特別顧問となり、トヨタ中国で役員待遇を受け続けた。けれども、〝役員待遇〟が〝役員〟になることはなかった。「役員にするからね」という章一郎の言葉が頭を掠《かす》めることはあったが、そのうちに思い出すことも少なくなっていった。

しかしその頃から、服部の周辺が騒がしくなっていた。それは、政敵を一掃しようとする国家主席、習近平による〝反腐敗キャンペーン〟だった。この〝反腐敗キャンペーン〟で、服部の盟友ともいえる自動車業界の大物たちが、次々に逮捕されていったのだ。

2014年10月、広州トヨタの代表董事長だった、張房有が逮捕される。北京に販売店を出すため、「国家発展改革委員会」の工業局長、劉鉄男《りゅうてつなん》に、1000万元（約2億円）を渡した贈賄容疑だった。トヨタにも激震が走った。中国でトヨタ車の生産を牽引する、広州トヨタのトップの逮捕は衝撃的だった。北京では、服部も連座するとの情報が駆け巡った。

2015年には、第一汽車の董事長で、中国自動車業界の〝大立者〟である徐健一が、逮捕された。張房有、徐健一と、盟友中の盟友の相次ぐ逮捕に、服部は身震いした。中国共産党がやる気ならば、幹部であろうが大物であろうが、確実に逮捕される。友人でもあった2人の逮捕で、服部は、見た目にもいきなり老けこんだように見えた。

すでに70歳を超えた服部が、いよいよ実業から身を引く時がやってきた。ここで服部は、ある決断をする。自分は日本には帰らず、残りの人生は中国で終わらせたい――。

服部は、北京市民になるための手続きを始めた。戦前、中国で生まれ、中国大陸で育ち、中国を憎んだこともあった。その日本人が日本国籍を捨て、中国人になろうとしたのだ。

しかし結局、北京市からその認可は下りなかった。市民になる場合、所属する団体からの推薦などが必要だったが、トヨタの中国事務所は、頑として服部に協力しようとしなかった。筆者が当時の話を聞いた、あるOBは、

「絶対に協力したくなかった」

と、吐き捨てるように言った。

服部は、自ら恃むところが厚く、また、トヨタ中国を建て直したのは自分だ、という自負心も強かった。中国での成功を、俺がやったんだと広言して憚らなかった服部への怨嗟の思いは、トヨタの中国事務所に充満していた。服部に対する嫉妬も凄まじかった。服部の功績は誰もが認めるところだが、日本人は、それを口にしないことが謙譲の美徳とされる。しかし、中国人の価値観の中で育った服部に、それを求めるのは酷な話だった。

それ以上に、反腐敗キャンペーンの嵐が吹き荒れる中、中国でのトヨタ躍進の立役者たちが次々と逮捕される事態は、トヨタを凍りつかせた。もしそれに連座し、トヨタ中国事務所の総代表だった服部が逮捕でもされようものなら、それはまさにトヨタの歴史に汚点を残すことになる。服部が中国に残るという選択それ自体が、トヨタにとって大きなリスクに他ならず、服部は、トヨタ中国にとって不都合な存在となってしまった。

結局、服部は日本に帰るしかなくなった——。

日本への帰国しか道がない、と分かった時、服部は、ひとり住まいだった北京市の高級マンションの部屋に残していた資料を、すべて捨てた。未練を断ち切りたかった。過去もすべて清算したかった。日本に帰る身に、こんな資料などまったく必要なかった。だいたい、日本に帰ってこの先、何があるというのか……。

それでも、ゴミ袋に捨てながら、ふと手が止まるようなことが何度もあった。無言のまま、粒子の粗いモノクロ写真を手にとって眺めた。大河スンガリーに架かる「スンガリー大橋」の上で撮った写真だ。黒竜江省の田舎町、伊春から出てきて、ハルビン第三中学に通うことが決まった頃に、撮ったものだろうか。粗い粒子の先で、服部は笑顔を見せていた。この頃は、北京大学や清華大学への進学を夢見ていた。中国にいた27年間で、最も夢と希望に溢れていた季節だった。

服部は、その一枚の写真をしばらく見つめた。そして、ライターで火をつけた。静かに炎が立った。燃え尽きるまでわずかな時間だった。服部が夢見た世界が、燃え尽きるまでほんのわずかだった。残りの写真も、資料とともにすべて捨てた。七十数年の人生を清算するには、少なすぎるくらいの量だった。

過去を捨てれば、もっと晴れやかな、さっぱりとした気分になると思っていた。ところが、どうだ。その反対で、気持ちの中に苦いものが残った。この苦さは何なのだろう。忘れ去ろうとしても忘れられないもの。その苦さは、服部の心の底に沈殿したままだった。

服部は、一人日本に帰ってきた。見送る者もいない、一人での帰国だった。

最終章

豊田章男の社長室

2018年6月、トヨタは61名いた相談役、顧問を、9名にまで大幅削減した。中国事務所総代表を退き、役員待遇の「特別顧問」になっていた服部も、退任することになった。

退任の1カ月後、服部は社長の豊田章男に退任の挨拶をするため、トヨタの東京本社を訪れた。服部が親しみを込めて、近しい人間には、〝章男ちゃん〟と呼んでいた章男の横には、この年の1月に69歳で副社長になった、章男の側近中の側近、小林耕士《こばやしこうじ》が控えていた。小林は、服部の5歳年下だった。

広々とした社長室に通された服部を、章男は満面の笑みで迎えてくれた。

「服部さん、本当に長い間、ご苦労さまでした。中国は本当に、服部さんなくして成功はありませんでした」

章男はこう言いながら、右手を差し出してきた。服部もその手を握り、

「長い間、お世話になりました」

と、頭を下げた。

章男に招かれるままに、革張りのソファに座った。しばし雑談の時間をもらった。小林も、笑みを浮かべて章男の横に座っていた。

久しぶりに章男の顔を見た。懐かしさがこみ上げてきた。章男と初めて言葉を交わしたのは、2001年、中国の成都でだった。その時、章男は風邪をこじらせていて、調子があまり良さそうではなかった。アジア本部本部長となった章男は45歳だった。服部は働き盛りの58歳で、念願叶っての中国事務所への復帰だった。野心に燃えていた。

ほぼ初対面の章男に、服部は、

「僕に任せてください」

と告げた。章男は素直だった。

「服部さんに任せなさいと、名誉会長からも言われています。どうかよろしくお願いします」

と、頭を下げる章男に、服部は好感を持った。その言葉は嘘ではなかった。「第一汽車」による「天津汽車」の実質的買収劇、「四川トヨタ」の第一汽車への身売り、また「広州汽車」との合弁など、ことごとく章男は、服部の言う通りに動いてくれた。東京本社から疑義が出そうな案件については、服部はすべて、章男に説明してもらった。章男も服部の頼みに、嫌な顔をすることはなかった。

服部は思っていた。すべてのシナリオは自分が書き、現場の交渉もすべて自分がやった。難しい政治交渉も、人脈と語学力があり、中国人の本質を理解している自分でなければ、落とし所を探ることさえできなかったはずだ。しかし、自分には社内で敵も多かった。中国市場が米国や日本を抜いて、世界一の市場になると訴えてきたが、役員たちから、せせら笑いを浴びたこともあった。何かあれば、服部は中国人だと言われ差別されてきた。

それだけに豊田章男という、豊田家の看板を背負った男の存在は大きかった。中国市場は、自分と章男とで作った作品だと、服部は自負していた。

いよいよトヨタから退任する今、そうしたことが思い出された。章男の顔を見たとたんにあの日の、自分が最も輝いていた時代が、思い起こされた。

「章男さん」

章男が、服部に顔を向けた。

「あと3、4年、章男さんと僕が中国でやっていたら、今頃トヨタは、(中国市場で)400万台を達成していますよ」

章男は嬉しそうに頷き、笑った。横で小林は、怪訝そうな表情を浮かべた。小林は中国のことなどまったく知らないはずだ。自分の知らないことを社長と話されて、小林は少し戸惑っているようにも思えた。

章男は横に座る小林に、

「服部さんは本当に凄いんだ。服部さんがいなければ、(トヨタ)中国は一体どうなっていたか。本当に服部さんのおかげなんだよ」

と教えていた。服部は嬉しかった。世界一の自動車メーカー、トヨタの社長から、手放しで褒められたのだ。嬉しくないはずはなかった。

時間が来た、と秘書が告げた。服部はソファを立った。章男が扉のところまで、服部を見送ってくれた。

部屋を辞す時、その大きな窓から、服部が住むマンションが見えた。日本に帰ることになった場合に備えて、数年前に買っておいたマンションだった。東京ドームシティの先にあり、一人で住むには広いマンションだったが、気に入っていた。

マンションの部屋からは、トヨタ東京本社の社屋が見えた。マンションのベランダに置いた望遠鏡を通して、今、自分がいる社長室もはっきりと見ることができた。マンションを訪ねてきた知人に、社長室も見えるんだと言うと、奇異の目で見られた。

「服部さん、そんなことやめなさいよ」

こうたしなめられた。ストーカーとか犯罪者のような思いから、望遠鏡のレンズを覗いているわけではなかった。トヨタが、そこにある。自分が中国から帰国し、1972年から働き続けてきた会社が、そこにある。ただ、そうした思いから、見ていただけだ。

章男の秘書がエレベーターホールまで見送ってくれた。章男の父、章一郎が約束してくれた役員の椅子。それを実現してもらうことはなかった。その怒りは、まだ腹の底にはある。あるけれども、もう残り滓《かす》のようなものだった。

自分では意識していなかったが、自分が話す中国語は、インテリの話すそれだと言われたことがある。服部さんは下品なのに、話す中国語は高級だ、と冷やかされたこともあった。高等教育、大学に進学する者など、当時は全人口の1％程度だったろう。そうして身に付けた中国語だった。

東京本社を後にしながら、もうトヨタとは縁がなくなると思うと、寂しかった。自分は今も、ひどい体験をした幼い頃の記憶、少年・青年時代の飢えの記憶に苛まれる時がある。中国にいい思い出はない。自らの中国体験を話す時、決まり文句のようにこう言ってきた。その思いは今も変わらない。中国人を憎み、中国という国を蛇蝎《だかつ》のように嫌った時もあった。けれども、自分の最も輝かしい時を、輝かしい実績をもたらしてくれたのは、中国であり、中国人たちだった。服部は自問自答してきた。自分は日本人なのか、それとも中国人なのか。日本に帰国してからも、中国語で話す時にふと、安心感を感じることは多々あったし、日本人コミュニティに馴染めない自分を、見つけることも稀ではなかった。中国人からは苛められ、母国だと思い描いていた日本でも、自らの安息の地を見つけられない。一体、自分は何者なのか――。

章男の顔を見た時に、一人の男の顔を思い出していた。中国本土で300店舗以上の自動車の販売会社を束ねる、大富豪の黄毅の顔だった。章男も、黄毅には心を許しているようだった。

中国ではずっと飢えていたせいか、服部は美食家ではなく、とにかく腹が満たされることが第一だった。北京でも、判をついたように夕食は寿司だった。寿司を食べ終えると、外資系企業が集まる地域の一角にある、「ケリーホテル（北京嘉里大飯店）」のバー「セントロ」に足を向けた。ソファが並ぶそのバーで、服部は深々とソファに身を沈めて、バーボンの水割りを飲んだ。夜、服部を探すのは簡単だった。このバーを訪ねれば、大体、服部を見つけることができた。お気に入りの銘柄は、「ジャックダニエルのブルーラベル」だったが、その店が出すジャックダニエルには口をつけなかった。

「偽物を出すだろ、お前らは」

こう悪態をついた。服部が飲むバーボンはいつも、香港から黄が買ってきて、店に預けておいてくれるものだった。まさに判を押したような生活だった。

服部を訪ねてこのバーにやって来る者たちが、一時はひっきりなしだった。服部に頼み事がある者は、ソファに身を沈める服部の耳元で、なにごとかを呟くのだった——。

そんなことも、服部は思い出していた。２００１年から過ごした中国での仕事は、服部に、充足感を与えてくれた。27年の苦い記憶とは相殺できないものの、服部は中国で生き、生かされもした。そういえば、バー・セントロに服部を訪ねて来る者があると、店の人間はこう言って、客を服部の席に案内した。

「フーブー先生は、こちらです」

服部先生とは言わず、服部を「フーブー」と呼んだ。昔は「フーブー」と聞くと、店員を呼び止め、「俺は服部だ。フーブーじゃない」と叱りつけたこともあった。

「やはり俺は、フーブーなのかな……」

トヨタを去った日、服部はぼんやりと、そう考えていた。

トヨタを退職して間もなく、いつものように飄々と現れた服部の右手、正確にいえば右手の小指に包帯が巻かれていた。筆者の視線が小指に向いていることを知った服部は、苦笑いを浮かべ、こんな言い訳がましい言葉を口にした。

「児玉さん、76歳という歳には、もう勝てないってことですよ」

数週間前、服部は弟、妹らと久しぶりに集まり、酒宴をもった。その時、ほとんど記憶を無くしてしまうほど飲んだ。翌日、右手の小指が異常に腫れ、痛むので病院に行ったところ、骨にひびが入っているのがわかった。70半ばを過ぎ、記憶を失うような飲み方をする服部は、妹から叱責されたらしい。

孤独をまとったような服部から、肉親の話を聞くのは意外だった。それほど服部には、孤独な雰囲気がまとわりついている。それはもしかしたら、以前に服部に招かれて入った、マンションの部屋の印象のせいかもしれなかった。

2LDKくらいの広さがあっただろうか。その部屋は、人が生活をしているとは思えないほど、ヒンヤリと静まり返っていた。服部本人はその辺りは口を濁すが、長く独身生活を続けていたようだ。生活者の匂いもなければ、生活の潤いを感じさせるものも皆無だった。

明らかに高そうなソファが置かれていた。高価であろう机も設《しつら》えられていた。けれども食器類は、服部が自宅で酒を飲むためのわずかなコップと、お茶を飲む湯呑などが食器棚に並んでいるだけだった。備え付けの書棚にも本はほとんどなく、筆者が送った数冊の本と、トヨタ伝説のエンジニア、大野耐一の著書『トヨタ生産方式』が置かれているのみだった——。

しかし聞けば、服部の妹も弟も、都内で安定した生活を営んでいるようだった。母親は1990年代に、父親は2000年代初頭に亡くなったという。

「76歳という老人に、痛みがやってくるのは遅いんだな。まったく老人っていうのは……」

服部は苦笑いを浮かべた。

「でも中国人じゃないけれど、服部さんは生き延びるんでしょう?」

最初に服部が教えてくれた「好　死　不　如　懶　活」を、念頭においての軽口だった。いつもなら当意即妙な答えをする服部だが、骨折のショックもあったのか、この日は違った。

「僕はね、児玉さん。中国人になりきれない中国人で、日本人になりきれない日本人なんだよ。わかる? あいの子っていうの、こういう人間を?」

そして、筆者の顔を覗き込んで、

「分かる? 児玉さん」

と、念を押すように言った。

骨折したせいで、服部は愛飲する焼酎の水割りではなく、この日はノンアルコールビールだった。服部はしばし押し黙った。店内は、相変わらずの忙しさで食器がぶつかり合う音が響き、あちこちでウエイターを呼ぶ声が聞こえ、注文の声が飛ぶ。窓の外では轟音を残して、巨大なジェットコースターが通り過ぎて行く。いつもの光景だ。

ふと、服部が口を開いた。服部の口調から、先程までの重暗い感じが消えていた。

「実はね、名古屋でOB会があってね……、僕も行ってきたんですよ。まだ、指がポキッてなる前だったんだよ」

服部はこう言って、微かに笑った。「うん、少しは大丈夫かな」と頷いてウエイトレスを呼ぶや、

「焼酎の水割りを少し頂戴」

と注文して、こちらに顔を向けると、

「調子出さないとね……」

と、笑顔を見せた。運ばれてきた焼酎に口をつけると、

「美味いね、やっぱり本物のお酒は」

服部は、とたんに上機嫌になっていった。

「実はトヨタのOB会があってね。それで名古屋に行ってたんだ」

服部によればOB会というのは、トヨタの中国の現地法人、つまりトヨタが合弁事業を行っていた、「第一汽車」、「広州汽車」に出向していたトヨタ社員によるもので、名古屋市内のホテルに100名以上が集まり、大盛況だったという。

「トヨタ起死回生の合併劇は、服部さんがやったんだから、服部さんがOB会の中心なんでしょうね」

「皆が驚いてるんだよ、僕が姿を見せたんでね」

「なんでですか？　服部さんは、トヨタ中国のスターみたいなものでしょう？」

服部はスターという言葉に、苦笑いを浮かべた。

「僕は、スターなんかじゃないよ。ただ、今まで出席したことがなかったから」

失意の内に帰国してからは、とてもOB会に出るような心境ではなかったという。それが一転、2019年に限っては出席したのだ。

「なぜかっていえば、特に理由はないけど……、昨年から児玉さんに会ったり新しい刺激も受けたし、話していて昔のことを振り返ることもできた。まあ、そんな具合かな……」

100人以上の元トヨタマンが集まったOB会は、和気あいあいとしていた。特に、第一汽車との合弁前から中国事業に投入されていた者たちは、「天津汽車」との合弁で苦楽を共にしただけに、そんな苦労話もあちこちで聞こえてきた。

社長の章男は、この会にメッセージは寄せていたものの、会場に姿を見せることはなかった。

2005年、アジア本部本部長を離任する時、挨拶に立った章男は、

「自分は中国のことなど、まったく知りませんでした」

と切り出した後、感謝したい人物として、

「まずは服部さん。なんといっても服部さん」

と、万感の思いを込めて名前を上げ、会場にいた服部に視線を移し、

「本当にありがとうございました」

と、万座の中、深々と頭を下げたほどだった。こうした経緯を知る、中国合弁事業に携わった者たちの間から、

「章男さんはどうしたんだろう？　やっぱり忙しいんだろうな」

という声が上がるのも、不思議ではなかった。気兼ねのない集まりだっただけに、会場には笑い声が絶えなかった。そんななか、挨拶に立ったのが服部だった。

「服部さん、瘦せたね！」

こう声が飛ぶと、服部は声の主に視線を移し、

「苦労が多いんだよ、日本は」

と言って、ニヤリとしてみせた。会場は爆笑に包まれた。

そしてこう続けた。

「今日は久しぶりに懐かしい顔を見られて、うれしい思いです」

「トヨタと第一汽車、トヨタと広州汽車、この合弁はすべて僕が決めて、僕がやってきた。ここに来ている人たちの、人生を変えてしまった張本人は僕ですから、とてもね、責任を感じておるんですよ。そうは見えないかもしれないけど……」

会場から、また笑いが起きた。

「第一汽車、広州汽車と、僕が合弁をやったけれど、果たしてそれで皆さんが幸福になったか、不幸になったかはわかりません。でもね」。服部はここで言葉を切り、息を溜めた。

「だけどね、トヨタという会社は幸せになった。これだけは間違いない。僕らが苦しめられて

いた、天津汽車との関係を終わらせて、第一汽車、広州汽車と組んで、間違いなくトヨタは幸せになった」

そして悪戯っ子のような表情を浮かべ、こんな言葉を投げかけて挨拶を終えた。

「皆さん、幸せになりましたか？　僕はそうでもないです。こんなもんです」

「僕はそうでもないです」という挨拶は、服部の本音でもあるのだろう。


服部はまた一口、焼酎の水割りを飲み込んだ。いつもの酒席で見せる服部の表情、仕草に戻っていた。声も愉快に笑う時のような、やや甲高いものになり始めていた。

「章男さんがアジア本部本部長を離れる時に、幹部社員の前で、僕へのお礼を言ってくれた。『すべて服部さんのおかげ』と言ってくれたよ」

「嬉しかった？」

「そりゃ、嬉しいよ……当たり前じゃないか」

服部は少しムッとしたような表情で、大きな声を出した。

「でも章男さんは、テレビや雑誌などでも、中国の時のことはほとんど喋らないですよね。それって、自分がやった手柄じゃないからなんじゃないですか？　本当に感謝しているのかな」

「児玉さんね、章男ちゃんはね……」

いつの間にか〝章男さん〟から、〝章男ちゃん〟に呼び方が変わっていた。服部の年齢から、また経験してきた出来事の数からするならば、服部にとっては〝章男ちゃん〟なのだろう。

「章男ちゃんは章男ちゃんで、複雑なんだよ。奥田さんは章男ちゃんのことを、『章男はコンプレックスの塊だ』と話していたけれど……。まあ、章男ちゃんはね……複雑な子なんだよ。章一郎の育て方が問題だったんじゃないのかな」

章男に話が及ぶと、服部の歯切れがとたんに鈍った。それは、章男を一方的に擁護するわけでもなく、一方的に批判するわけでもなかった。その声には、どちらかといえば哀れみの響きがあった。

服部は、こんなエピソードを教えてくれた。

中国で親しい関係となった服部と章男。ある日のこと、章男は、こんな話を服部に聞かせた。章男によれば、自分は父の章一郎から、常々こう言われ続けたという。

「お前に近寄ってくる者は、お前が好きで寄ってくるんじゃないぞ。お前の後ろに控えている、〝トヨタの看板〟に引き寄せられるんだ。だから、簡単に人を信用してはいけない」

章男は、〝お前の後ろにあるトヨタ〟という表現を、別のところでも披露しているようだ。父親は一人息子に、こうした言葉を投げかけ続けたのだろう。

章男は入社した直後、研修を兼ねて配属された組み立て工場で、〝ブルーワーカー〟の工員たちから苛められ、弱ってしまい、出社できなくなった経験があることも、服部に打ち明けていた。服部はかつて奥田から、こんなエピソードを聞かされたこともあった。

奥田は豊田家の親子、章一郎と章男との諍《いさか》いを、こんな風に服部に伝えていた。それは、章一郎の「米国自動車殿堂」入りを、章男が邪魔していたというものだ。章男の横槍で中々殿堂入りができず、章一郎が苛立っていたという。

米国自動車殿堂入りは、世界の自動車マンの憧れだ。創設された1967年には、世界初の自動車を量産製造・販売した「フォード」創設者、ヘンリー・フォードや、「クライスラー」創業者のウォルター・クライスラーらが選ばれた。日本人で最も早く選出されたのは、「本田技研工業」を創業し、ホンダを世界のトップブランドに育て上げた本田宗一郎だった。1989年のことだ。それから5年後の1994年には、トヨタの5代目社長を務めた豊田英二が選ばれている。選出された理由は、トヨタを世界第3位の自動車メーカーに育て上げた功績だった。

自動車メーカーの創業家一族や、幹部の名誉の証である〝殿堂入り〟。その殿堂入りを目指す章一郎の邪魔を、息子の章男がしていると、奥田は服部に囁いたのだった。

服部は直接、章男に聞いた。

「章男さん、奥田さんから聞いたんだけど、章男さんが章一郎さんの〝殿堂入り〟の邪魔をしていたって、本当なの？」

章男は最初キョトンとしていたが、事情を理解すると突然笑い出して、

「そんな馬鹿なことする訳ありませんよ。なんで僕が、そんなことをする必要があるんですか？」

笑っている章男に、服部はこう言った。

「奥田さんは、章男さんの嫉妬だと言ってたけど」

章男は苦笑いして、

「嫉妬？　僕は嫉妬はするけれど、父に嫉妬したことなんか一度もないですよ」

そしてこう続けて、苦い顔をした。

「奥田さんは、いつも根も葉もない事を言いふらすから、困っているんですよ。本当にあの人は……」

章男ちゃん……。章男を思い浮かべる時、服部はどうしても章男ちゃんと呼びたくなってしまう。最近も章男の風聞は服部の耳に入るが、中には芳しくないものも多い。

「好き嫌いが激しい」、「イエスマンしかそばに置かない」、「芸能人との遊びが激しい」。

こうした風聞に、服部も思い当たる節があった。章男が、アジア本部本部長時代のことだ。

ある時章男は、「服部さん、こいつは将来、俺の番頭になる男ですよ」と言って古谷俊男《ふるたにとしお》を紹介した。後に、「東京トヨペット社長」となる男だった。ところが数カ月後、古谷のことを聞くと、「服部さん、あの男はダメですよ」と言ったきり、章男が名前を挙げることは二度となかった。

しばらくして、「これはいいですよ。一番、中国に合う」と紹介してくれたのが、牛山雄造《うしやまゆうぞう》（後にトヨタ自動車常務）だった。けれど、この牛山も数カ月後、「もう牛山の顔も見たくない」と切られた。一事が万事、こんな調子だった。服部は、章男の好き嫌いだけで人を判断してしまうところを危惧し、一度こんな言葉でやんわりと注意を促したことがあった。

「章男さん、英二さんはね、厳しい人で人の好き嫌いはもの凄くはっきりしていた。だけど、人事では徹底して能力で評価していた。だから、章男さんも好き嫌いじゃなくて、英二さんを見習ってください」

章一郎が、役員登用の約束を反故《ほご》にした時、章男は何も進言してくれなかった。「父はそういう人ですよ」と笑っただけだった。だがそうした章男に対して、服部の視線は柔らかい。

「章男ちゃんは、本当に複雑な人だよ。明るいか暗いかと言われれば、そりゃ暗いよ。コンプレックスは強いし。けどね、彼は僕を信用してくれて、すべてを任せてくれた。これは本当にありがたいことだったし、嬉しいことだった。僕に対しては、色々と言う人が多いんだよ。トヨタの中で僕を信用して任せてくれたのは、章男ちゃんと奥田さん。皮肉だけれど、この2人なんだよな」

そして、最後にこう言って、苦笑いを浮かべるのだった。

「そうなんだよ、犬と猿の2人が、僕を信用してくれた2人なんだから……、これって皮肉だよね、児玉さん」

章男が社長になって以降、トヨタで奥田の功績が表立って語られることはなくなった。章男が社長に就任して5年後の2014年。章一郎は、日本経済新聞の名物コラム「私の履歴書」欄に連載を始めた。4月1日から30日まで続いたこの連載は、後日加筆・編集され、『未来を信じ一歩ずつ　私の履歴書』（日本経済新聞出版）という単行本となった。当時、「特別顧問」になっていた服部は、章一郎とこんな会話を交わしている。

「名誉会長、この本の中でトヨタ生産方式について書いているけれど、生みの親の大野（耐一

＝元トヨタ自動車副社長）さんについて、一回も触れてないじゃないですか」

しばし黙っていた章一郎は、ポツリと言った。

「大野さんは、部下いじめが酷かったからな……」

服部は章一郎の返事に驚き、言葉を失った。現在のトヨタの屋台骨を作った根幹の一つが、大野が生み出した「トヨタ生産方式」である。その大野の大功績を、「部下いじめ」を理由に切り捨てる章一郎の言い草に、服部は呆れ果てたという。

功績のある者を意図的に外す――。章一郎によって大野だけではなく、「プリウス」の世界戦略など、トヨタを真に世界に通用するブランドに育て上げた大功労者、奥田碩の名前も消されていった。章一郎の『私の履歴書』に奥田の名前が見られるのは、わずか3カ所。息子、章男との対談に18ページものスペースを割いているのとは、極めて対照的な扱いである。

「豊田の家による歴史の改竄《かいざん》ですよ。中国共産党もそうだったけれど、（世襲の）正当性を証明するための歴史改竄なんでしょう。でも、トヨタのために、本当に多くの人が血と汗を流してきたんですよ。豊田家の人間だけが作ってきた会社じゃないんだ」

身を退いた今も、服部はトヨタという会社を愛し、自らがなし遂げた中国での事業を誇りに思っている。だからこそ、豊田家だけを美化しようとする、意図的な改竄に対する嫌悪感を隠そうとしなかった。章男が、中国で汚職捜査の対象になるような服部の力に頼り、社長への道を開いたことも、トヨタには〝不都合な真実〟なのだろう。ゆえに、服部の功績がこれまで公に語られる機会もなかった。

章男の長男、大輔《だいすけ》がいずれ社長に就任するという見方は根強く、「豊田の家に生まれれば社長になれる。おかしいと思わんか」という奥田の根源的な問いは、これからも続く。

筆者がトヨタや自動車業界の関係者から聞いた服部に対する評価は、極端なものがある。わがまま、勝手、唯我独尊、中国人のようにがめつい、まるで中国人そのもの——。こうした見方は間違ってはいないのだろう。けれども、抜け目のない服部の視線の向こう側には、一体なにが見えているのか。

ある時、服部が話をしながら、肩を震わせて泣いたことがあった。服部は吐き捨てるように言った。

「悪夢なんだよ、児玉さん。中国にいた27年間、僕には悪夢だったんだよ。児玉さんには想像さえできないと思うけど、飢えというのは恐ろしい世界なんですよ。一党が独裁する世界、独裁者が支配する世界は、本当に悪夢なんだよ」

硬い表情のまま、服部は焼酎の水割りを一口含んだ。うつむいた服部の頬を、涙が流れていた。

しばらくすると、服部は静かに顔を上げて、また焼酎を口に運んだ。

「やはり僕はね、お酒で自分の正常な部分を、麻痺させないといけないのかもしれない……。やっぱりね、トヨタに勤めさせてもらってありがたかったけれど、やはり辛い記憶は消えないんだよ。今でも夢に出てくるのは辛いことばっかり……。眠りの中でも安らぎはないんだよ」

服部と何度となく会い、食事を共にしながら、服部が美味そうに焼酎を呷《あお》る姿を見て、20時間以上も時を共に過ごして来た。服部から筆舌に尽くしがたい体験を聞かされる度に、目の前にいる小柄で痩せた老人を、まじまじと見てしまう。よくぞ生き残ったと。

そう、服部は、生きることが当たり前ではなかった時代に、生き延びてきた人なのだ。初対面の時、服部は箸袋の裏側にこんな中国語を書いた。「好 死 不 如 懶 活」。

「児玉さん、これが中国人の本質だよ」

と言って、次のように解説してくれた。中国人はきれいに死ぬより、恥をかこうが辱めを受けようが、生きることを望む、と。服部はこの言葉に、自らの生き方を重ね合わせていたのかもしれない。

温泉施設「ラクーア」にあるいつもの居酒屋だった。薄茶色の館内着からは、服部の両腕がのぞいていた。

筆者が、その腕に目を落としていることに気づいたのだろう。服部は突然沈黙を破り、パンッと勢いよく右手で左腕を叩くと、少し声の調子を上げて言った。

「これが、中国の生活を生き抜いてきた腕だよ。これで、強制労働にも耐えてきたんだよ!」

その腕から、服部が生きた激動の時代を想像することなど、到底できないだろう。それぐらい、細い腕だった。

主要参考文献・映像作品

東和男『中国の自動車産業 過去・現在・未来』華東自動車研究会 2004
東和男『創成期の豊田と上海 その知られざる歴史』時事通信出版局 2009
ベンジャミン・ヤン『鄧小平 政治的伝記』加藤千洋・加藤優子訳
岩波現代文庫 2009
伊藤正『鄧小平秘録 上下』文春文庫 2012
NHK「留用された日本人」取材班『「留用」された日本人 私たちは中国建国を支えた』
日本放送出版協会 2003
北海閑人『中国がひた隠す毛沢東の真実』廖建龍訳 草思社 2005
豊田英二『決断 私の履歴書』日経ビジネス人文庫 2000
遠藤誉『中国の自動車産業がニッポンを追い抜く日』中経出版 2004
趙宏偉『中国外交論』明石書店 2019
豊田章一郎『未来を信じ一歩ずつ 私の履歴書』日本経済新聞出版 2015
NHKスペシャル「中国新世紀 中国共産党 一党支配の宿命」2021年10月3日放送
NHKBS1スペシャル「中国〝改革開放〟を支えた日本人」2021年1月30日放送

児玉 博（こだま・ひろし）
一九五九年生まれ。大学卒業後、フリーランスとして取材、執筆活動を行う。月刊「文藝春秋」や「日経ビジネス」などで発表する企業や官庁のインサイドレポートに定評がある。二〇一六年、第47回大宅壮一ノンフィクション賞を受賞。主な著書に『堤清二 罪と業 最後の「告白」』、『起業家の勇気 USEN宇野康秀とベンチャーの興亡』（いずれも文藝春秋）、『テヘランからきた男 西田厚聰と東芝壊滅』、『堕ちたバンカー 國重惇史の告白』（いずれも小学館）などがある。

トヨタ 中《ちゅう》国《ごく》の怪《かい》物《ぶつ》
豊《とよ》田《だ》章《あき》男《お》を社《しゃ》長《ちょう》にした男《おとこ》

二〇二四年二月十日 第一刷発行
二〇二四年三月二十五日 第四刷発行

著 者 児《こ》玉《だま》 博《ひろし》
発行者 大松芳男
発行所 株式会社 文藝春秋
〒一〇二-八〇〇八
東京都千代田区紀尾井町三番二十三号
電話 〇三-三二六五-一二一一
印刷所 萩原印刷
製 本 大口製本

ISBN 978-4-16-391805-1